T0000875

CÓMO HACER QUE TE PASEN COSAS BUENAS

Marian Rojas Estapé

Cómo hacer que te pasen cosas buenas

Entiende tu cerebro, gestiona tus emociones, mejora tu vida

DIANA

Obra editada en colaboración con Editorial Planeta – España

Diseño de portada: Planeta Arte & Diseño
Fotografía de la autora: © Lupe de la Vallina

Bajo el sello editorial DIANA M.R.
Avenida Presidente Masarik núm. 111,
Piso 2, Polanco V Sección, Miguel Hidalgo
C.P. 11560, Ciudad de México
www.planetadelibros.com.mx

Primera edición en esta presentación: julio de 2023
Quinta reimpresión en esta presentación: abril de 2024
ISBN: 978-607-39-0234-2

Impreso en los talleres de Bertelsmann Printing Group USA
25 Jack Enders Boulevard, Berryville, Virginia 22611, USA.
Impreso en U.S.A - *Printed in the United States of America*

A mis seis hombres.

Índice

UN VIAJE QUE EMPIEZA...

Un viaje de mil millas comienza con el primer paso.

LAO-TSÉ

Los aviones, los trenes y, en general, los medios de transporte son lugares maravillosos para que sucedan cosas sorprendentes. Únicamente hay que dejarse llevar, observar e intervenir si surge una buena oportunidad. Las mejores historias de mi vida han surgido en situaciones de ese tipo.

Hace unos años, en un vuelo Nueva York-Londres, viajaba sentada en el asiento de la ventanilla. Siempre elijo ese lugar porque disfruto observando el cielo, las nubes, el mar y sobre todo porque me gusta recordar la insignificancia del ser humano ante la inmensidad de la naturaleza, relativizando así lo que nos pasa en la tierra. Siempre presto atención al pasajero que se sienta junto a mí. Tras tantas horas de vuelo uno conecta de cierta manera con su vecino. Analiza lo que lee; lo que ve en la pantalla..., si come, si duerme...; involuntariamente uno no puede evitar conjeturar sobre sus circunstancias y los motivos de su viaje. ¿Tendrá familia? ¿Viajará por trabajo? No faltan momentos en que uno se levante, y por educación se cruzan unas palabras sencillas. Generalmente, al final del vuelo, uno se despide cordialmente.

Siempre he pensado aquello de que «basta mirar a alguien con atención, para que se convierta en alguien interesante». Es normal que haya una conversación en algún momento del vuelo. Gracias a esas interacciones he conocido a personas de lo más fascinantes y me han sucedido historias que han marcado mi vida en muchos aspectos.

En este vuelo en concreto, despegando desde Nueva York, me senté al lado de un señor mayor. Leía el periódico y yo saqué de mi bolso unos apuntes de la carrera. Era anatomía, mis dibujos tomados en clase no tenían calidad —siempre he dibujado mal— y mientras intentaba memorizar los cientos de nombres noté la mirada del tipo sobre mis hojas. Le sonreí:

—*I study Medicine.*

Me contestó:

—*My father is a doctor.*

Analicé rápidamente al tipo —me encanta hacerlo desde joven—, pero mantenía, a pesar de la cordialidad, una mirada fría e infranqueable. Me curioseó y añadí,

—¿Ha heredado usted la profesión de su padre?

—No. Siempre me ha gustado más la investigación.

—¿De qué tipo?

—Investigo terrorismo.

Cerré los apuntes. Se me planteaba una conversación que pintaba muy interesante. Mi colección de músculos y extraños huesecillos seguiría ahí al llegar a Madrid. Mi interlocutor me confesó que acababa de jubilarse después de más de treinta años en la CIA. Desde hacía un tiempo estaba permitido hablar más «libremente» de su trabajo y durante el resto del vuelo me explicó la guerra de Irak y las tensiones geopolíticas en la zona, las pugnas por el petróleo y los gaseoductos, los intereses de los distintos países occidentales… Todo ello sobre un improvisado mapa de Oriente Medio con flechas hacia todos lados.

Soy una apasionada de la historia y las relaciones internacionales, y reconozco que no paraba de tomar notas. En un instante de la conversación, le comenté que estudiaba para ser psiquiatra.

Me escudriñó con atención y mantuvo un silencio durante unos instantes antes de hacerme preguntas de lo más peculiares sobre mis gustos y mi forma de ser. No estoy acostumbrada a que me pregunten con tanta intensidad sobre mí, ya que suelo ser yo la que hago esas preguntas, pero intentaba responder lo más sinceramente posible.

Tras una pausa, me propuso hacer una estancia en la CIA cuando terminara mi especialidad y realizar algún tipo de trabajo como psiquiatra forense o de investigación. En ese momento se me iluminaron los ojos. Me parecía un mundo apasionante. Sonreí y añadí:

—Siempre y cuando no tenga que ir al terreno, tiendo a ser un poco miedosa.

Me dejó su contacto y nos despedimos. Le escribí varias veces y mantuvimos correspondencia vía *mail* durante varios años.

Desgraciadamente para el lector, nunca llegué a trabajar ahí, ya que la vida me ha llevado por otros derroteros, pero llevo en mi cartera la tarjeta de mi «amigo analista» que me recuerda que las oportunidades están cerca, pero hay que salir a buscarlas.

En mi opinión pocas frases han hecho más daño que la de «vendrá cuando menos te lo esperas». Nadie va a venir a buscarnos a casa para proponernos el proyecto de nuestra vida. Hay que ir a su encuentro.

Una de las cosas que genera más angustia es la incapacidad de saber qué es aquello a lo que debo dedicarme o dónde elegir. Decidir se plantea como un reto imposible. Vivimos en un mundo lleno de oportunidades; nunca hemos tenido tanto al alcance con tan poco. Nos encontramos en el momento de mayor estimulación de la historia; hoy en día, cualquier niño de siete años ha recibido más información y estímulos —música, sonido, comidas, sabores, imágenes, vídeos...— que cualquier otro ser humano que haya poblado antes la Tierra.

Esa sobreestimulación dificulta la toma de decisiones. La juventud de hoy —los famosos *millennials,* entre los que tengo un pie puesto— se encuentra aturdida sin saber qué decidir y hacia dónde dirigirse. En lo profesional, los distintos lugares donde uno cursa los estudios y, concluidos estos, las salidas profesionales son incontables y se plantean como algo imposible de elegir. De golpe surgen multitud de posibilidades y uno no sabe hacia dónde dirigir su vida. Es la sociedad de la confusión y de la dificultad de compromiso. Veo cada vez más chicos «bloqueados» sin saber, porque para decidirse necesitan sentir.

Los *millennials* viven empapados de emociones y sentimientos que les llevan a necesitar una gratificación constante para avanzar. Hablaremos más adelante de esto para comprender mejor qué está sucediendo en la mente de muchos jóvenes. Existe una brecha clara entre dos generaciones que conviven: los nacidos antes de los ochenta y los nacidos después de los noventa. Los que nos encontramos entre los ochenta y los noventa hemos vivido en una época de transición importante.

Los anteriores a los ochenta, generalmente han luchado bastante; muchos vienen de hijos de las guerras, han sacado a familiares adelante; y lo más importante: el mundo digital, internet y las redes sociales les ha pillado después de la adolescencia. Esto es clave. Sus relaciones personales, su manera de trabajar y enfrentarse a la vida, así como sus creencias están basadas en otros conceptos —no me refiero a ideologías concretas, sino a la manera en que están constituidas—.

Después de los noventa acontece algo decisivo: nace internet. En este libro entenderemos qué impacto posee el bombardeo de estímulos al que están sometidos desde que nacen los más pequeños en nuestra sociedad actual, así como el efecto de las redes sociales en el sistema de gratificación del cerebro, razón por la cual nos encontramos ante una generación profundamente insatisfecha. Para motivarles —en lo educativo, emocional, afectivo, profesional y económico— con frecuencia se precisan estímulos cada vez más fuerte, más intensos.

Cómo hacer que te pasen cosas buenas requiere de varios elementos. En la vida hay instantes muy duros donde lo importante es sobrevivir y encontrar algún apoyo donde sostenerse. El resto del tiempo, tenemos que luchar por sacar TMV —Tu Mejor Versión—[1]. Hablaremos de la actitud y del optimismo; la forma con la que nos enfrentamos a la vida tiene un gran impacto en lo que nos sucede. La predisposición, la actitud previa ante cualquier situación determina cómo respondemos a ella.

Años de experimentos demuestran que la manera como uno decide responder ante los problemas y cuestiones que se le plantean cada día influye en el resultado. El cerebro, los marcadores fisiológicos, los genes, las células, los sentimientos, las emociones, los pensamientos funcionan como un todo. Las enfermedades físicas tienen, en muchos casos, una relación directa con las emociones, y siempre podemos intentar encauzar el efecto que una enfermedad física produce en nuestro estado de ánimo. Para entender el cerebro intentaremos simplificar lo complejo. **Entendiendo nuestro cerebro, gestionando nuestras emociones, mejoramos nuestra vida.** Hoy, la neurociencia, en concreto la neurobiología y lo que denominamos el inconsciente —desde emociones, hasta la profundidad de nuestra psique— explica gran parte de nuestro comportamiento.

Este libro habla de la felicidad, porque todos ansiamos encontrarla, y del éxito; pero el éxito es el gran mentiroso. En mi consulta en muchas ocasiones tengo la oportunidad de admirar a personas que ante historias de sufrimiento, dolor y fracaso han sido capaces de superarlas. El fracaso enseña lo que el éxito oculta, dice mi gran maestro de la vida, mi padre.

En este libro quiero intentar explicar no solo los problemas de mente, corazón y cuerpo, sino sobre todo los aspectos buenos y saludables de nuestra vida; aquello que pueda ayudar al lector a tener mejor salud de alma y cuerpo y así, quizá, acercarnos a la ansiada felicidad.

Aquí comienza un camino apasionante, para entendernos y reinventarnos. Siempre existe una segunda posibilidad de volver a ilusionarse y diseñar un camino mejor para cada uno.

---

[1] Veremos esta ecuación, TMV, en el capítulo 9.

1
Destino: la felicidad

La felicidad no se define, «se experimenta». Para conocerla hay que haberla sentido y, una vez se ha sentido, las palabras se quedan cortas para explicarla. Pese a ello vamos a intentar acercarnos a ella desde diferentes ángulos.

La primera idea que quiero trasladar es la siguiente: no hay guías rápidas ni atajos que aseguren la felicidad. Existe una gran crítica sobre los libros de autoayuda que prometen la felicidad con una receta rápida, pero lo cierto es que actualmente contamos con multitud de estudios y datos científicos que nos acercan con cierta precisión al nivel de bienestar físico y psicológico indispensables para ser feliz.

Los psiquiatras estudiamos las enfermedades mentales, o mejor, estudiamos a las personas que sufren trastornos de la mente o del estado de ánimo. Nuestro gremio celebra muy a menudo congresos sobre asuntos de lo más variado: sobre el cerebro o regiones concretas del mismo, sobre marcadores neuronales y la fisiología que hay tras ellos, sobre las causas internas o externas que favorecen las enfermedades psiquiátricas o sobre cómo mejorar la fiabilidad de los diagnósticos y los últimos tratamientos experimentales. En general, tratamos los males de la mente desde todos los enfoques científicos posibles.

Desde joven mi vocación ha sido curar y ayudar a las personas que sufren tristeza y angustia, y eso me ha llevado a investigar la felicidad, el placer, el amor, la compasión y la alegría, y a hacerme una serie de preguntas de difícil respuesta: ¿por qué hay gente que tiene tendencia a sufrir y quejarse cualquiera que sea su situación?, ¿existe la buena suerte o no es tan aleatoria como parece?, ¿qué importancia tiene la carga genética en la configuración de la mente y el carácter de las personas?, ¿qué factores me predisponen —o indisponen— a ser más feliz? La investigación sobre estos temas me ha conducido a recorrer caminos variopintos y lecturas de lo más sugestivas.

Nuestra sociedad actual es comparativamente más rica que nunca. Jamás hemos tenido tanto como hasta ahora. Nuestras necesidades están cubiertas y podemos disponer casi de cualquier cosa; en la mayor parte de los casos a un solo clic de distancia. Como consecuencia, y aunque no es deseable y debemos huir de ello, estamos normalizando esa sobreabundancia.

En ocasiones creemos que nos merecemos todo, algo a lo que contribuye el materialismo imperante que nos hace pensar que es bueno que tengamos acceso a todo lo que deseamos. Sin embargo, ninguna acumulación de cosas puede proporcionar por sí sola el acceso a la felicidad, a ese estado interior de plenitud.

La felicidad consiste en tener una vida lograda, donde intentamos sacar el mejor partido a nuestros valores y a nuestras aptitudes. La felicidad es hacer una pequeña obra de arte con la vida, esforzándonos cada día por sacar nuestra mejor versión.

> La felicidad está íntimamente relacionada con el sentido que le damos a nuestra vida, a nuestra existencia.

Como vemos, el primer paso para intentar ser felices es conocer qué le pedimos a la vida. En un mundo que ha perdido el sentido, que anda desorientado, tendemos a sustituir «sentido» por «sensaciones». La sociedad sufre un gran vacío espiritual que se intenta suplir con una búsqueda frenética de sensaciones tales como satisfacciones corporales, sexo, comidas, alcohol, etc. Existe una necesidad insaciable de experimentar emociones y sensaciones nuevas cada vez más intensas. No hay nada malo *per se* en las relaciones sexuales, una gastronomía cuidada o el placer de un buen vino... Hablamos de cuando la búsqueda de esas sensaciones sustituye el verdadero sentido en la vida. En esos casos de desorientación, la acumulación de sensaciones produce una gratificación momentánea, mientras que el vacío en nuestro interior crece como un agujero negro apoderándose paulatinamente de nuestra vida, lo que conduce de manera inevitable a rupturas psicológicas o comportamientos destructivos.

Solo entonces, cuando el daño está hecho, la persona afectada o alguien de su entorno toman conciencia de que remontar es superior a sus fuerzas y buscan ayuda externa. Aparece entonces la labor del psiquiatra o del psicólogo para ayudar a recomponer esa vida.

El ser humano busca tener y relaciona felicidad con posesión. Nos pasamos la vida buscando tener estabilidad económica, social, profesional, afectiva... Tener seguridad, tener prestigio, tener cosas materiales, tener amigos... La felicidad verdadera no está en el tener, sino en el ser. Nuestra forma de ser es la base de la verdadera felicidad.

> ¡Ojo! Cuidado con la felicidad *light,* esa que se nos vende como que está al alcance de todos con un clic. Algo no funciona bien en ese concepto materialista cuando el 20 por 100 de nuestra sociedad está medicada por problemas de ánimo.

Si acaparar bienes materiales no es la solución para ser feliz, ¿cuál es? En mi opinión, en este mundo tan cambiante y en plena evolución, la felicidad pasa necesariamente por volver a los valores. ¿Y qué son los valores? Aquello que nos ayuda a ser mejor persona y nos perfecciona. Es básico y se convierte en la guía en los momentos de caos y de incertidumbre.

Cuando uno se pierde y no sabe hacia dónde dirigirse, el tener unos valores, unas directrices claras, ayuda a que el barco no se hunda. Ya lo decía Aristóteles en su *Ética a Nicómaco:* «seamos con nuestras vidas como arqueros que tienen un blanco». Hoy en día no existen blancos donde apuntar, se han extinguido los arqueros y las flechas vuelan caóticas en todas las direcciones.

Para entender a qué mundo nos enfrentamos, me gusta este acrónimo introducido por la US Army War College: VUCA, que nos sitúa de forma sociológica en contexto.

Volatilidad, incertidumbre, complejidad y ambigüedad (VUCA por sus siglas en inglés: *volatility, uncertainty, complexity* y *ambiguity*). Esta noción fue descrita para describir cómo se encontraba el mundo tras el final de la Guerra Fría. Actualmente se usa en liderazgo estratégico, en análisis sociológicos y en educación para describir las condiciones socioculturales, psicológicas y políticas.

La volatilidad se refiere a la rapidez de los cambios. Nada parece ser estable: los portales de noticias cambian cada pocos segundos para enganchar a los lectores, las tendencias como ropas o lugares de moda pueden modificarse en días, la economía y la bolsa fluctúan en cuestión de horas...

La incertidumbre; pocas cosas son predecibles. Los acontecimientos se suceden y uno puede sentirse impactado ante el giro de la situación. A pesar de que existen algoritmos para intentar adelantar o prever el futuro, la realidad acaba superando a la ficción. La complejidad se explica porque nuestro mundo está interconectado y el nivel de precisión en todos los campos del saber humano es casi infinitesimal. Hasta los más mínimos detalles influyen en el resultado de la vida —el famoso efecto mariposa de la teoría del caos—. La ambigüedad —que yo conectaría con el relativismo— no deja paso a una claridad de ideas. Todo puede ser o no ser. No existen ideas claras sobre casi ningún aspecto.

Siempre he pensado que la psiquiatría es una profesión maravillosa. Es la ciencia del alma. Ayudamos a las personas que se acercan a pedir ayuda a entender cómo funciona su mente, su procesamiento de la información, sus emociones y su comportamiento. Intentamos restaurar heridas del pasado o aprender a manejar situaciones difíciles o imposibles de controlar. Actualmente existen múltiples libros para aprender a enfocarse mejor en la vida y aprender a gestionar diferentes temas. Como todo, hay que saber filtrar y, principalmente, encontrar el tipo o estilo que más nos conviene. Los psiquiatras y psicólogos debemos adaptarnos a nuestros pacientes, entender sus silencios, sus momentos, sus miedos, sus preocupaciones, sin juzgar, con orden y sosiego, sabiendo transmitir serenidad y optimismo.

Me fascina entender y saber cómo pensamos, las causas de nuestras reacciones y qué son las emociones y cómo se reflejan estas en la mente. Al final, la felicidad tiene mucho que ver con la manera en que yo me observo, analizo y juzgo, y con lo que yo esperaba de mí y de mi vida; es decir, en una frase, la felicidad se encuentra en el equilibrio entre mis aspiraciones personales, afectivas, profesionales y lo que he ido poco a poco logrando. Esto tiene un resultado: una autoestima adecuada, una valoración adecuada de uno mismo.

EL CASO DE MAMEN

Mamen es una paciente de treinta y tres años. Trabaja como administrativa en una gran empresa. Vive con sus padres con los que tiene una buena relación. Tiene novio, un chico tímido y retraído que la cuida mucho. En su trabajo hay buen ambiente y de vez en cuando queda con la gente de la oficina.

Un día acude a mi consulta. Dice tener la autoestima por los suelos. No sabe explicar la razón, y añade:

—Mis padres me quieren, me gusta mi trabajo, soy una persona con amigos, pero me creo poca cosa...

Después de relatarme de forma resumida su biografía, calla en seco y me dice:

—Me da vergüenza estar aquí, contando mis problemas a una desconocida, yo que en principio no tengo nada de qué quejarme.

Se levanta, se dirige a la puerta y se marcha. La sigo y le digo que vuelva a entrar, es mejor que terminemos la sesión porque, si ella está triste o a disgusto, es porque algo en su interior no funciona. Por fin se serena y accede a volver a entrar.

Llevamos en terapia ocho meses. Está mucho mejor, pero yo sé que todos los días en plena consulta tiene lo que yo llamo «su momento». Se agobia, me confiesa:

—Me da vergüenza estar aquí, eres una desconocida a la que cuento mi vida.

E intenta marcharse. Le cuesta aceptar que está compartiendo su vida con otra persona. Poco a poco se va dando cuenta y ella misma razona en voz alta los motivos que le hacen tener que resolver ciertos conflictos internos que la impiden crecer.

En cualquier situación, a una persona que actúa así uno puede decirle:

—No hace falta que vuelvas, ya cuando te sientas cómoda llamas y pides cita.

Pero acepto su instante y sin juzgar sigo la consulta como si no hubiera dicho nada.

Autoestima y felicidad

La autoestima y la felicidad están íntimamente relacionadas. Una persona en paz, que tiene cierto equilibrio interior y que disfruta de las cosas pequeñas de la vida, normalmente tendrá un nivel de autoestima adecuado.

Personaje sin problemas de autoestima

Miguel de Unamuno fue uno de los grandes autores de la generación del 98. Poseía una personalidad campechana y cercana conocida por todos. En una ocasión fue condecorado con la Gran Cruz de Alfonso X el Sabio, entregada por el mismísimo rey Alfonso XIII.

Unamuno, que era conocido por ser militante del Partido Socialista y republicano, en el momento de la entrega del galardón comentó:

—Me honra, majestad, recibir esta cruz que tanto merezco.

El rey, sorprendido pero conociendo la personalidad del escritor, contestó:

—¡Qué curioso! En general, la mayoría de los galardonados aseguran que no se la merecen.

Unamuno, con su habitual cercanía respondió sonriendo:

—Señor, en el caso de los otros, efectivamente, no se la merecían.

La felicidad y el sufrimiento

Se dice que uno no sabe lo que es la felicidad hasta que la pierde. Ante el dolor, el sufrimiento, el duelo, los problemas económicos, ahí nos sale de dentro: «¡No soy feliz!, ¡qué sufrimiento!, ¡qué mala suerte la mía!». En esos instantes nos cuesta vislumbrar momentos de felicidad de nuestro pasado, apreciar destellos de alegría que nos llenaban en algún momento.

La vida es un constante volver a empezar, un camino donde uno atraviesa situaciones alegres o incluso instantes de felicidad, pero también momentos difíciles. Para ser feliz hay que ser capaz de rehacerse en lo posible de los traumas y dificultades. La razón es sencilla: no existe una biografía sin heridas. Las derrotas y cómo encajarlas son lo más decisivo en cualquier trayectoria. El ser humano a lo largo de toda una vida atraviesa momentos muy exigentes y difíciles, por lo que no podrá ser feliz si no aprende a superarlos o, al menos, a intentarlo.

Como psiquiatra, en consulta, he tratado toda clase de traumas, y soy consciente al redactar estas líneas de que existen biografías muy duras, algunas mucho más que otras. Hay aspectos ajenos a nosotros que no podemos cambiar. No podemos elegir gran parte de lo que nos sucederá en la vida, pero somos absolutamente libres, todos y cada uno de nosotros, de elegir la actitud con la que afrontarlo. Nos reparten unas cartas, mejores o peores, pero son las que tenemos y hay que jugarlas lo mejor posible.

El hombre necesita herramientas para superar las heridas y los traumas del pasado. Los episodios que nos arrasan física y psicológicamente van dejando una huella importante en nuestra biografía. La manera en la que cada uno se sobrepone y vuelve a empezar marca nuestra personalidad en muchos aspectos. Ese talento nace de una fortaleza interior que todos tenemos desarrollada en mayor o menor medida: la resiliencia.

El concepto de resiliencia fue puesto en boga por el médico francés Boris Cyrulnik. Este psiquiatra, hijo de unos emigrantes judíos de origen ucraniano, nació en Burdeos en 1937. Tras la ocupación nazi, cuando tenía solo cinco años, sus padres fueron arrestados y deportados a campos de exterminio, pero él huyó, permaneció escondido en diversos lugares y finalmente fue acogido en una granja bajo la identidad ficticia de un niño no judío llamado Jean Laborde. Pasada la guerra, la familia que le acogió le animó a estudiar medicina y ser psiquiatra.

El joven Boris pronto se dio cuenta de que, a través de su biografía, podía entender las causas del trauma e intentar ayudar a otros, fundamentalmente niños, a rehacerse tras un trauma o ruptura emocional.

El diccionario de la RAE define resiliencia en una de sus entradas como la «capacidad de un material, mecanismo o sistema para recuperar su estado inicial cuando ha cesado la perturbación a la que había estado sometido». Cyrulnik amplió el significado del concepto a «la capacidad del ser humano para reponerse de un trauma y, sin quedar marcado de por vida, ser feliz».

La resiliencia nos envía un mensaje de esperanza. Antes se pensaba que los traumas sufridos en la infancia eran imborrables y perduraban marcando decisivamente la trayectoria del niño afectado. ¿Cómo podemos superar esas heridas tan profundas y dolorosas? La clave se sustenta en la solidaridad, en el amor, en el contacto con otros; en definitiva, en los afectos.

Cyrulnik, a lo largo de su experiencia, muestra numerosos ejemplos al respecto. En la Universidad de Toulon —donde es profesor— ha trabajado con enfermos de Alzheimer; muchos de ellos han olvidado las palabras pero no los afectos, la música, los gestos o las muestras de cariño. Cyrulnik insiste en la flexibilidad de la psique. Antes se pensaba que una persona quedaba marcada por el dolor y el sufrimiento. Si la persona supera ese trauma, esa herida, se convierte en alguien resiliente.

En este proceso de ayuda es clave no culpabilizarla por los errores del pasado y prestarle apoyo y cariño. Existen múltiples terapias para ello. Hace unos años trabajé en Camboya sacando niñas de la prostitución infantil. Ha sido, de forma clara, uno de los momentos que ha marcado mi vida de manera más importante.

Me dediqué a ir por los burdeles de Camboya rescatando niñas en condiciones deplorables. Recuerdo de forma nítida a una niña, recién rescatada de una red de prostitución con trece años, que me preguntaba con la mirada perdida:

—¿Seré capaz de tener una vida normal y de disfrutar de algo?

El mensaje de esperanza está ahí, la ciencia lo explica, mi experiencia me lo ha enseñado. Existen métodos de curación que sanan las heridas más profundas. A lo largo de estas páginas contaré cómo acabé colaborando en ese proyecto tan apasionante en Camboya y algunas de las historias que han marcado mi vida. Todo el camino que he recorrido me ha ayudado a entender mejor el cerebro humano y, con él, el sufrimiento y, en última instancia, el camino a la felicidad.

El trauma

Un acontecimiento traumático destruye la identidad y la convicción sobre uno con respecto a los demás y al mundo. Esa ruptura es el inicio de lo que conocemos como trauma. Cyrulnik estableció que para que suframos un trauma se ha de cumplir la teoría del doble golpe. El primer golpe sería el evento perturbador propiamente dicho, el acontecimiento traumático en sí; pero para que este se asiente en la vida ha de sobrevenir un segundo golpe que proviene de ciertos comportamientos del entorno que, a grandes rasgos, pueden implicar rechazo o abandono, estigmatización, asco, menosprecio o humillación, siendo la incomprensión un fenómeno común a todos ellos.

Los pilares de la resiliencia según Boris Cyrulnik son tres:

— El personal. Contar con herramientas interiores desde el nacimiento; el apego seguro. Es una de las prevenciones más potentes que existen para superar un trauma.
— El contexto familiar y social. El tipo de apoyo que otorgan los cuidadores, padres y figuras de apego. Estos son clave para sobreponerse a un trauma doloroso (aquí entra en juego el segundo golpe de forma importante).
— El contexto social. Es decir, contar con el apoyo social y legal en esos momentos, el apoyo de la comunidad, mitiga el trauma y fortalece a la víctima.

Cyrulnik[1]: «Imagínese que un niño ha tenido un problema, que ha recibido un golpe, y cuando le cuenta el problema a sus padres, a estos se les escapa un gesto de disgusto, un reproche. En ese momento han transformado su sufrimiento en un trauma».

El caso de Lucía

Lucía es una niña de seis años. Vive con sus padres y sus dos hermanos de siete y dos años. Va al colegio de su barrio y es una niña muy feliz, creativa y con gran capacidad imaginativa.

Un día, estando en una fiesta de cumpleaños en casa de un amigo del colegio, acude al cuarto de baño. Al entrar, ve que

[1] Borys Cyrulnik, *Muy Interesante*, n.º 252, mayo de 2012.

dentro está el padre de un chico de su clase. Se queda fuera y se disculpa de forma educada. El tipo en cuestión —no merece otro nombre— le dice de forma amable que entre. Se baja el pantalón y le pide a Lucía que le toque.

La niña, asustada, obedece. Acto seguido él le quita la ropa interior a ella y le mete la mano bajo el vestido[2]. Paralizada, Lucía no puede hablar ni gritar.

El tipo amenaza a la niña para que no cuente nada a nadie o le hará mucho daño a ella y a sus hermanos. Lucía sale del baño y se esconde a llorar en una esquina. Sus padres no están en la fiesta, pero espera que lleguen lo antes posible.

Media hora después, les ve entrar en la casa. Observa que el tipo del baño se acerca y de forma amable les saluda, les dice que su hija se ha portado muy bien y que es muy educada. Lucía comienza a sudar, quiere llorar. El tipo se acerca, le coge de la mano y le dice:

—Tus padres están aquí, ya les he dicho que te has portado muy bien, dales un besito a tus hermanos cuando les veas.

Para Lucía no hay duda y, al subir al coche, lo primero que hace es contar a sus padres lo sucedido. No dan crédito pero la escuchan con suma atención. A los dos días, acuden a mi consulta a pedir consejo y ver cómo gestionarlo. Dudan de que sea cierto, pero no quieren, en ningún caso, poder herir más a la niña.

Traté a Lucía durante medio año. Tenía pesadillas, le daba miedo tratar con hombres mayores, se sentía triste, no quería ir al colegio.

Desde el primer momento se le mostró el apoyo de sus padres. El tema se llevó a juicio y ella aprendió a mejorar sus fortalezas interiores. Hoy es una niña sana, feliz, de trece años. Hace pocos meses vino a verme a la consulta a contarme que se va una temporada a Irlanda a aprender inglés. Sus palabras en la despedida fueron:

[2] Evito dar más datos para no dañar la sensibilidad del lector.

—Ya no tengo miedo, lo he superado. Quiero darte las gracias por apoyarme, por creerme y por fortalecer la relación con mis padres; sé que dudaron de mí durante unos instantes; el hecho de que me apoyaran hasta el final y de que tú me trataras desde el inicio me ha librado de un gran trauma para siempre.

> Ser feliz es ser capaz de superar las derrotas
> y levantarse después.

El presente puede resultar en ocasiones una pesadilla. En algunos casos uno ansía huir hacia delante. En otros momentos uno se bloquea y se queda paralizado en algún recuerdo o evento pasado traumático. Sentarse en el pasado nos convierte en personas agrias, rencorosas, incapaces de olvidar el daño cometido o la emoción sufrida.

Todos hemos pasado por etapas donde percibimos que necesitamos una pausa o freno para recuperar fuerzas tras una temporada muy exigente física o psicológicamente, o solo para volver a intentar alcanzar una meta que no hemos logrado. En esos momentos de parón, sobre todo al principio de unas vacaciones, afloran la tensión y el agotamiento. Uno se percibe más vulnerable que nunca. Esa vulnerabilidad no solo es psíquica, sino que al relajar el cuerpo tras una temporada de esfuerzo se produce una bajada generalizada de nuestras defensas que favorece que se contraigan catarros, gripes u otras enfermedades.

Son precisamente esos momentos postensión los más importantes en nuestra trayectoria psicológica, puesto que en función de cómo los afrontemos pueden sobrevenir importantes desajustes mentales. Debemos estar muy vigilantes en esas temporadas porque con frecuencia es al frenar la actividad, al tener tiempo, cuando nos paramos a pensar y cuando podemos darnos cuenta de si nuestra salud psicológica está en riesgo por algo que ha ocurrido. En cualquier caso, las batallas las ganan los soldados cansados; las guerras, los maestros de la fortaleza interior. Esa fortaleza interior nos ayudará a superar los problemas, y se cultiva aprendiendo a dominar el yo interior, los pensamientos del pasado o inquietudes del futuro que nos atormentan y nos impiden vivir de forma equilibrada en el presente.

El tiempo no cura todas las heridas, pero sí aparta lo más doloroso del centro de mira. El sufrimiento es, por tanto, escuela de fortaleza. Cuando ese torrente que emana del sufrimiento es aceptado de manera «sana», uno adquiere un dominio interior importante y fundamental para la vida.

El equilibrio es aprender a mantener cierta paz interior, ecuanimidad y armonía a pesar de los mil avatares de la vida.

Tras el golpe, hay que retomar la riendas de la propia vida para alcanzar el proyecto de vida que uno tenga trazado. Ser señores de nuestra historia personal. Lo sencillo es actuar en las distancias cortas, vivir limitándonos a reaccionar a los anárquicos impulsos externos que nos afecten, dejándonos llevar; lo deseable aunque complejo es diseñar la vida con objetivos a largo plazo, de modo que, aunque algo nos desvíe, podamos redirigirnos hacia nuestra meta. Quien no tiene ese proyecto, quien no conoce en qué se quiere convertir, y que no encuentre sentido a su vida, no puede ser feliz.

La solución no está en las pastillas. La medicación es clave para momentos de bloqueo donde el propio organismo es incapaz de recuperarse por sí solo, o cuando las circunstancias son tan adversas que precisamos de un apoyo extra para no derrumbarnos. La medicación regula las sustancias elevadas o bajas del cerebro. No suplanta la función cerebral o anímica, pero permite que puedas sentir o realizar esa función cuando esta te falla.

La medicación ofrece soluciones, pero existe otra terapia que es efectiva y ayuda: la actitud del médico. Unas palabras de aliento, una escucha real y verdadera, poseen un efecto de curación importante.

La actitud del médico alivia el dolor

Un artículo publicado en mayo de 2017 en *The Journal of Pain* trataba sobre la importancia de la actitud del médico en las consultas. Se ha demostrado que, si un paciente acude con confianza al médico, la sensación de dolor disminuye. El médico actúa como si fuera un placebo. Por ejemplo, ¿qué sucede si el médico veranea en el mismo sitio o tiene gustos similares? Elizabeth Losin, investigadora del estudio de la Universidad de Miami, observó que el sentimiento de conexión social, educativo, cultural o religioso ayuda a que el dolor no sea tan elevado en el paciente. Si una persona acude al doctor y siente que algo o alguien va a mitigar su dolor, esa sensación de confianza tiene un efecto positivo. El cerebro, ante este pensamiento de alivio y esperanza, libera sustancias químicas tipo endorfinas que palian su dolor.

Cuántas veces sucede que cuando alguien acude a su médico de confianza, a su terapeuta de siempre o a un especialista de sus dolencias, tras explicarle las molestias, nota de forma automática una mejoría de los síntomas.

El médico debe ser «persona vitamina» para sus pacientes. En un mundo como el de hoy, donde existe un sistema sanitario abarrotado, esto no es fácil. No hay tiempo. Muchas veces es más sencillo, práctico y eficiente curar los síntomas con pastillas. A veces bastan una sonrisa, un comentario positivo o una frase esperanzadora sobre el desarrollo de la enfermedad

El sufrimiento tiene un sentido

La sociedad actual huye de él y cuando uno se topa con este surgen las preguntas: ¿me lo merezco?, ¿se debe a mis errores del pasado?, ¿por qué lo permite Dios?... Veamos algunos puntos interesantes del sufrimiento que pueden ayudarnos.

El dolor posee un valor humano y espiritual

Puede elevarnos y hacernos mejores personas. ¡Cuánta gente conocemos que tras un golpe ha sido capaz de enderezar su vida y buscar alternativas, agradeciéndolo *a posteriori*! No es raro encontrar personas que tras una existencia superficial y conformista han sido transformadas al sufrir un duro revés.

El sufrimiento nos ayuda a reflexionar

Nos lleva al fondo de muchas cuestiones que nunca nos habríamos planteado. El dolor, cuando aparece, nos empuja a clarificar el sentido de nuestra vida, de nuestras convicciones más profundas. Las máscaras y apariencias se diluyen y surge nuestro verdadero yo.

El dolor ayuda a aceptar las propias limitaciones

Nos convertimos en seres más vulnerables y caemos del pedestal en el que nos habíamos o nos habían colocado. Entonces debemos bajar la cabeza y reconocer que necesitamos ayuda y el cariño o apoyo de otros; que solos no podemos. Compartir nuestras limitaciones con los demás puede ser el primer paso hacia la sencillez y la superación de las calamidades sufridas. La conciencia de las propias limitaciones refuerza nuestra solidaridad, la empatía con el dolor ajeno y, en última instancia, el amor por los demás.

El sufrimiento, por tanto, transforma el corazón

Tras una etapa difícil, con el dolor como protagonista, uno se acerca al alma de otras personas. Es capaz de empatizar y de entender mejor a los que le rodean. Cuando alguien se siente amado, su vida cambia, se ilumina y transmite esa luz. El amor auténtico se potencia con el dolor sanamente aceptado, que nos libera del egoísmo. Quien gana en empatía es más «amable» —se deja amar— y convierte su hábitat en un lugar más acogedor para vivir.

El sufrimiento puede ser la vía de entrada a la felicidad

Si uno muestra voluntad de conseguirla y posee las herramientas para ello. El dolor conduce a la verdadera madurez de la personalidad, a la entrega a los demás y a un mayor conocimiento de uno mismo.

> Solo existe un antídoto al sufrimiento, al dolor y a la enfermedad: el amor.

Entremos a bucear en el interior del ser humano, a entender los pensamientos y las emociones que nos embargan y cómo responde nuestro cerebro ante el estrés o el conflicto. A lo sencillo se tarda tiempo en llegar. Empecemos.

2
El antídoto al sufrimiento: el amor

Dividamos este capítulo en cinco grandes amores:

— El amor «sano» a uno mismo: la autoestima[1].
— El amor a una persona.
— El amor a los demás.
— El amor a los ideales y a las creencias.
— El amor a los recuerdos.

El amor a una persona

No hay hombre tan cobarde a quien el amor
no haga valiente y transforme en héroe.

Platón

Enamorarse es lo más grande que existe. ¡Todo cambia cuando un corazón se siente prendado por otra persona! En el fondo de cada uno existen maravillas y tesoros que se revelan cuando

[1] Véase capítulo 1.

alguien quiere de verdad. No hay ser humano al que el amor no convierta en alguien más apasionado y lleno de vida. El ser humano necesita amar. El amor es la gran cuestión de la vida.

Enamorarse marca a la persona para siempre, y los sentimientos más intensos de la vida se sienten por amor.

No es la finalidad de esta obra tratar sobre el amor de pareja, pero cuando uno está enamorado de forma sana, esto afecta de forma positiva a todas las facetas de la vida.

El amor a los demás

La solidaridad y el voluntariado, el darse a los demás, son factores protectores de la mente y del cuerpo. Sentirse querido y acompañado es una de las claves para ser feliz. En la vida, la mayor parte de las relaciones, de los acuerdos, de las interacciones, de los momentos de disfrute y placer están relacionados con nuestra interacción con otros. Para que funcione bien una relación de pareja, un negocio o empresa o las relaciones familiares —nuestra familia de origen o la familia política— es fundamental que las relaciones entre las personas involucradas sean fáciles, o al menos relativamente sanas.

En ocasiones determinadas personas de tu entorno te caen mal y su mera presencia genera en ti intranquilidad. De no cambiar eso corres el riesgo de que se conviertan en seres tóxicos. Si al convivir con ciertas personas percibes constantemente un ambiente hostil y tirante que te hace estar alerta, ello puede llevarte a enfermar o sufrir profundamente. Estas personas son para ti «vampiros emocionales» porque tiran de forma afectiva de ti hacia abajo. Instintivamente tendemos a relacionarnos y fomentar la amistad con gente con la que sea positivo y saludable mantener una relación, y ello tanto en las amistades como en el ámbito familiar o profesional. Rechazamos a los hostiles y negativos, a los que siempre tienen algo venenoso que añadir.

Robert Waldinger es un psiquiatra norteamericano responsable del mejor estudio sobre la felicidad que se ha hecho hasta ahora. Se trata de un experimento longitudinal que se ha mantenido hasta la actualidad y que comenzó estudiando las vidas de dos grupos de hombres: un primer grupo que en 1938 eran alumnos de segundo año de la Universidad de Harvard y un segundo grupo de chicos de los barrios más pobres y marginales de Boston. El objetivo era estudiar la vida de las personas desde la adolescencia hasta la edad adulta con el fin de determinar qué les hacía felices. Durante setenta y cinco años preguntaron a los sujetos del experimento acerca de su trabajo, su vida familiar y su salud. Aún hoy participan en el experimento sesenta de los setecientos veinticuatro hombres que lo iniciaron —la mayoría tienen ahora más de noventa años— y ahora se está empezando a estudiar a los más de dos mil hijos que han tenido estos sujetos.

Al inicio del estudio fueron entrevistados estos jóvenes así como sus padres. Se les realizaron exámenes médicos, reuniones con sus familiares, seguimiento de su historial clínico, análisis de sangre, escáner de cerebro... ¿Qué conclusiones se han extraído del experimento? Los resultados han sorprendido a los investigadores. No hay lecciones acerca de la riqueza, de la fama o de lo importante que es esforzarse mucho en el trabajo. Ni siquiera en el ámbito fisiológico o médico. El mensaje es tan claro y sencillo como este: las buenas relaciones nos hacen más felices y más saludables.

Gracias a ese estudio se han aprendido tres cosas sobre las relaciones humanas:

— Las conexiones sociales nos benefician y la soledad mata. Dicho así resulta fuerte, pero es cierto: la soledad mata. Las personas con más vínculos con familia, amigos o la comunidad son más felices, más sanas y viven más tiempo que las personas que tienen menos relaciones. La soledad ha demostrado ser profundamente tóxica. Las personas que viven aisladas estadísticamente son menos felices y más susceptibles de empeorar de salud en la mediana edad, sus funciones cerebrales decaen más de forma precipitada en la vejez y mueren antes. Es un asunto grave y urgente al que habría que atender teniendo en cuenta que en nuestra sociedad el perfil solitario se va haciendo cada vez más y más frecuente. En el 2017 se han realizado estudios que vinculan la soledad con la enfermedad de Alzheimer y otras demencias.

— Lo importante no es el número de vínculos sociales, sino la calidad de estos, y cuanto más cercanos, más importante resulta que sean de calidad. Vivir inmersos en un conflicto resulta perjudicial para la salud. Los matrimonios muy conflictivos o sin mucho afecto son muy perniciosos. Por el contrario, vivir con relaciones buenas y cálidas proporciona protección. En el estudio no fueron los niveles de colesterol los que predijeron cómo envejecerían los sujetos del estudio, fue simplemente el grado de satisfacción que tenían en sus relaciones. Aquellos que se sentían más satisfechos a los cincuenta años fueron los más saludables al alcanzar los ochenta.

— Las buenas relaciones no solo protegen el cuerpo, sino que también protegen el cerebro. Se podía intuir, pero el estudio lo demostró. Tener una relación de apego seguro con otra persona durante la vejez proporciona protección, y los recuerdos de esas personas permanecen más nítidos durante más tiempo. Al revés, las personas inmersas en relaciones en que sienten que no pueden contar con el otro pierden antes la memoria.

¿En qué se basa tener buenas relaciones?

Diría que la base de todo vínculo afectivo, social o emocional —profesional, amigos, pareja…— pasa por ser capaz de tener una correcta relación con otros, es decir, conectar de forma adecuada para generar un ambiente cordial.

Dicen que no hay una segunda oportunidad de generar una buena primera impresión. Salvo necesidad, nadie compra un producto a una persona que le caiga mal o le genere rechazo. He tratado a algunos banqueros en la consulta y siempre pienso que es imposible que alguien sea capaz de permitir a otro gestionar su dinero o su patrimonio si no media una relación cordial o incluso cierta empatía entre ambos; de igual forma, a igualdad de condiciones, le compraremos un coche u otro producto a quien nos haya tratado mejor —a menos que el precio sea muy superior—.

La amistad es el grado excelso de interacción con otros —por debajo del amor—. Para que surja una verdadera amistad, tiene que producirse una convivencia, un intercambio de vivencias y emociones. La amistad se hace de confidencias y se rompe a base de indiscreciones. Hay que cuidarla con mimo. La amistad consiste en una relación de igualdad con intimidad y aprendizaje, por eso hay que trabajarla con artesanía y tesón.

¿CÓMO CONSEGUIMOS GENERAR CORRECTAS RELACIONES CON LOS DEMÁS?

Aportaré unas breves ideas que nos pueden guiar. No significa que tengamos que seguir al pie de la letra las pautas que siguen, pero pueden ser de gran ayuda y también sirven como examen personal para entender por qué a veces se han truncado en nuestra vida negociaciones, amistades o relaciones familiares.

1. *Tienes que mostrar interés por las personas*

Conozco a mucha gente que me dice:

—A mí no me gustan las personas.

Me impacta el comentario, porque los mejores recuerdos que guardamos en nuestra memoria son, generalmente, con otros, y una de las mayores gratificaciones de la vida radica en relacionarnos y sentirnos queridos. Recuerdo especialmente a un amigo poco sociable, parco en palabras, pero de gran corazón, que me comentaba:

—No soporto a la mayor parte de la gente.

Tenía un trabajo en el que la base de su éxito y de su remuneración consistía en conectar de forma adecuada con las personas. Ante mi pregunta de cómo llegaba a fin de mes —tengo la confianza de poder hablarle con franqueza—, me contestaba:

—Mis clientes sí me interesan.

Si acudes a una reunión familiar con primos, tíos o cuñados, la mejor forma de entrar y conectar es interesarte por ellos, por su vida, su trabajo y su salud. Pero de verdad, no haciendo el paripé. Sin que parezca que estás realizando un cuestionario o una investigación, acercándote de manera sincera y amable. Esfuérzate siempre en interesarte por la vida de los demás.

2. *Haz un esfuerzo por recordar datos importantes*

No todo el mundo tiene la suerte de gozar de una gran memoria para los nombres y datos. Las personas que logran recordar información de otros generan un vínculo mucho más fuerte en menor tiempo. Si hace tiempo que no ves a alguien, te lo encuentras por la calle y recuerdas el nombre de su mujer, o que su padre estaba en tratamiento por alguna enfermedad, automáticamente generas una agradable proximidad entre ambos. A todos nos gusta que se acuerden sin ser invasivos de lo nuestro; y para ello hay que hacer un esfuerzo.

David Rockefeller —del Chase Manhattan Bank— tenía un fichero privado de tarjetas con más de cien mil nombres en el que guardaba información sobre los encuentros que había mantenido con esas personas. Esa información le ayudaba a generar familiaridad, haciendo sentir importantes y especiales a todos con los que se topaba.

Mi padre tiene la costumbre de apuntar todo sobre las personas que conoce. Hace poco, buscando el número de un restaurante en su teléfono me topé con esta información:

—Pepe, el dueño; casado con Ana. Tienen tres hijos; les preocupa el pequeño porque no ha terminado los estudios. Su padre falleció hace unos meses de alzhéimer. Paco, el camarero mayor, lleva toda la vida y tiene artritis.

Me pareció impresionante, pero soy consciente de que si acude a ese restaurante llamando a cada uno por su nombre y preguntándoles por sus preocupaciones logrará empatizar rápidamente con todos. Insisto, esta cualidad requiere esfuerzo; bien sea fortaleciendo tu hipocampo —zona de la memoria del cerebro— o habituándote a acumular la información —cumpleaños, aniversarios o cosas que preocupan a quienes te rodean— en cualquier libreta o agenda.

3. *Profundiza en ellos, en sus vidas, aficiones y profesiones*

Esto es especialmente importante en el mundo laboral. Hay que tener en cuenta que la mayor parte de los acuerdos se generan entre personas que crean un vínculo de cordialidad y amabilidad. Si tienes una reunión con el director de tu empresa, busca información sobre él, si quieres sorprender a unos amigos, infórmate, si buscas alegrarle la vida a alguien de tu familia, preocúpate por sus intereses actuales. Eso requiere tiempo y ganas, llamar a tus familiares o amigos para evitar perder el contacto. Con muy poco, la gratificación es enorme. Personaliza. Busca lo que a cada uno le puede gustar. No emplees el mismo discurso o mensaje con todos los que te rodean. Esto te obliga a ser más detallista. Si has de hacer un regalo busca algo distinto, no necesariamente caro o costoso, sino simplemente que se note que le has dado una vuelta para hacer el regalo más cercano o personalizado.

4. *Evita juzgar*

Cada persona es diferente. Tendemos a juzgar, analizar y encasillar a las personas en cuanto las conocemos. Puede ser un mecanismo de defensa o simplemente un automatismo de la mente para no alterar nuestro interior. En gente muy crítica puede haber una necesidad constante de sentirse superiores o, todo lo contrario, un problema de inseguridad y falta de autoestima.

Para juzgar con equidad hay que ser muy empático y recabar previamente mucha información de la que no solemos disponer. En cualquier caso, siempre será más prudente permanecer en silencio. El silencio es el portero de la intimidad.

Hay que aceptar a los demás como son, aunque sean distintos y lo que veamos no nos encaje. Ello no significa que ignoremos la realidad; existe gente que obra mal o de la que conviene separarse por resultarnos tóxica; pero por lo demás resulta saludable tener una mente plural, rica, abierta a admitir que existen personas que no se ajustan del todo a nuestros criterios. Hay que evitar cerrarse de forma abrupta a todo lo distinto. Si solo aceptas a gente que tenga un determinado nivel de estudios, social o cultural, si tienes manía a los aficionados de cierto equipo de fútbol o a una profesión o gremio, si rechazas sistemáticamente a todos los provenientes de cierta región, país o continente... seguramente tu capacidad de comprensión del mundo y tu entorno será más reducida y te estarás perdiendo muchos de los matices que hacen nuestro mundo tan rico y diverso. No se debe generalizar y rechazar a grupos sociales o categorías concretas de personas. Todo el mundo tiene algo que aportarnos.

En mi consulta me sorprendo a veces con cosas que me remueven y me causan perturbación. A pesar de que llevo más de diez años escuchando historias de vidas rotas, de personas que sufren heridas profundas, sigo sintiendo una punzada de desconcierto al oír relatar algunas vivencias.

Los médicos debemos cuidar lo que se denomina la contratransferencia, es decir, lo que yo siento con los pacientes, el conjunto de emociones, pensamientos y actitudes que se originan en mí tras sus relatos. Es inevitable que ciertas personas, por su vida, su forma de ser o sus actos, generen en mí una primera sensación de rechazo. Puede ser por cómo me relatan su trauma o sufrimiento o porque su historia remueve en mí algo vulnerable o simplemente porque su modo de actuar va en contra de mis principios éticos.

A veces no se puede evitar juzgar...

Recuerdo, hace unos años, un paciente que yo veía en consulta, aprensivo y muy sensible, que estaba muy enamorado de su mujer. Él trabajaba en una empresa, en el departamento de informática, y su mujer era periodista. Él tenía siempre la inquietud de que ella le fuera infiel, debido a que su mujer viajaba mucho por el mundo y poseía una vida rica en amistades y redes sociales. Ella negaba cualquier tipo de infidelidad, pero aun así él sufría enormemente por dicho temor.

Recuerdo que, tras tres o cuatro sesiones, le pedí a la mujer que acudiera a mi consulta. Entró, me saludó de forma fría y, casi sin sentarse, me dijo:

—Usted tiene que guardar el secreto profesional, así que no le puede decir nada a mi marido. Por supuesto que le soy infiel, siempre lo he sido desde que éramos novios, pero él nunca lo sabrá, ¿algo más?

Reconozco que un escalofrío recorrió mi espalda. Yo intento siempre generar un ambiente cordial en consulta. No fue posible, ante esa revelación hecha con tal decisión e impunidad me bloqueé; ella insistía en que le divertía la adrenalina de ser infiel, de tener una doble vida, que siempre había sido así y no quería cambiar.

Tras escuchar un poco su biografía, le expliqué de forma suave pero firme la razón por la cual estaba jugando con los sentimientos de su marido. No le importó. Con la misma frialdad que entró en consulta, salió. Esta vez sin despedirse. Seguí viendo al marido en alguna otra ocasión, pero se mudaron de ciudad y no les seguí la pista. No creo que tuvieran un buen futuro juntos.

5. *No impongas tu criterio, creencias o valores*

Trabaja en ser un modelo para tus hijos, empleados o amigos; si buscas imponer, encontrarás rechazo. Hoy en día sabemos que de padres exigentes que imponen sin medida salen hijos rebotados, rebeldes y que buscan lo contrario. Los límites son necesarios, que la gente nos respete en nuestras ideas o creencias es clave, pero sin rozar la dureza o agresividad. La sociedad no necesita únicamente maestros, sino líderes. El líder es un ejemplo de vida, en donde se mezclan la coherencia, los valores sólidos, la modernidad y el saber que esa persona es auténtica y coherente.

Si quieres influir en alguien, si quieres transmitir tus ideales, aprende a ser un buen ejemplo.

Una cosa es imponer tus ideas y otra pedir que respeten las tuyas. No existe un buen líder que no sea buena persona. Hoy, en la política de muchos países oímos hablar de líderes que en realidad no lo son; se les llama así en los medios de comunicación, pero muchas veces cuando uno tiene acceso a su vida privada, todo es fachada, apariencia, conducta dirigida por asesores para crearse una buena imagen... sin que eso coincida con la verdad. Una buena persona es auténtica. Y la autenticidad es un binomio en donde se da una saludable relación entre la teoría y la práctica. Porque uno es lo que hace, no lo que dice. Habla la conducta. Hablan por sí mismos los hechos de ese sujeto.

6. *Asómbrate y aprovecha los intereses comunes*

La amistad y las relaciones buenas surgen cuando hay intereses, valores y aficiones en común. Búscalas, es raro que no exista algo que te una hasta con la persona más recóndita. Desde el pediatra de tu hijo hasta tu gestor de seguros o el carpintero que te ayuda cuando algo se estropea. Te sorprenderá darte cuenta de que, cuando dedicas tiempo a lo esencial, a lo que no es únicamente la parte racional, estás dando un paso impresionante en tu vida. Ves más allá, tu corazón no está centrado meramente en la superficialidad de las relaciones —conseguir beneficios o gratificaciones fáciles—, sino en el interior de esas personas. Tus relaciones serán entonces más honestas y tu crecimiento interior aumentará exponencialmente.

LOS PROXENETAS DE LOS BURDELES DE CAMBOYA

Cuando llegué a Camboya me di cuenta de que tenía complicado poder acceder a los prostíbulos a hacer terapia, o ayudar de alguna manera, como era mi intención. Los «chulos» ponían multitud de dificultades para darnos acceso. Exigían condiciones y, para que fuera efectiva la entrada y la charla con las prostitutas, era necesario que el proxeneta no estuviera actuando de forma hostil.

Necesitaba encontrar un elemento de unión, no era fácil. He comprobado a lo largo de mi vida que existe un elemento que poca gente rechaza: los Sugus®. Quizá te sonrías, pero en mi consulta desaparece un bol a diario. Los pacientes me dicen que es para sus hijos o nietos, pero en el fondo sé que no es verdad. Son para ellos. El Sugus azul tiene un éxito especial. He pedido que me manden bolsas de Sugus azules pero hasta ahora no lo he logrado.

Llegué a Camboya con diez kilos de Sugus®. En dos semanas no me quedaba ninguno pero encontré la imitación perfecta. Ya en la puerta del burdel, delante del «chulo» y acompañada de dos enfermeros, le decía toda seria al proxeneta en jemer:

—*Nek chom ñam skor krob te* —así lo pronunciaba yo y según me dijeron significaba: «¿Quieres un caramelo?».

Nadie nunca me dijo que no. Este tipo que yo tenía delante, que me causaba la peor de las impresiones, con mirada sucia y sin escrúpulos, esbozaba una sonrisa y asentía con la cabeza. Ese pequeño, mínimo, ínfimo detalle, me abría la posibilidad de entrar en el lugar de forma menos fría y hostil.

Como anécdota curiosa, durante las últimas semanas de mi estancia ahí, las chicas me llamaban *Madame Bonbon* —señorita Caramelo—, lo que me producía la mayor de las ternuras.

7. *Sonríe, ríe con ellos*

Si no existe una manera fácil para conectar, emplea un toque de humor. Muy poca gente rechaza poder sonreír si se lo pones en bandeja. La risa es la distancia más corta entre dos personas y, simultáneamente, es uno de los métodos más eficaces para incrementar las endorfinas en sangre. Alice Isen, de la Universidad de Stanford, realizó un importante estudio sobre cómo las emociones expansivas —la sonrisa, la risa, el placer del humor...— mejoran ostensiblemente las habilidades cognitivas y las conductas sociales. Se ha visto que con ella mejoran nuestra creatividad, organización, planificación y resolución de problemas. Esto se debe a que la risa activa el flujo de sangre en la corteza prefrontal, zona encargada de estas funciones.

En otro estudio interesante realizado en Bonn, Alemania, se ha observado que la gente alegre y feliz mejora su productividad y rendimiento en el trabajo.

> La risa y la sonrisa tienen la capacidad de alterar la química del torrente sanguíneo, protegiendo así de algunas enfermedades e infecciones.

8. *Canta, pero también en grupo*

Cantar en grupo es beneficioso para la salud mental. Hace unos meses salía publicado un estudio en la revista *Medical Humanities* sobre cómo el hecho de cantar en público puede resultar beneficioso para la salud mental.

Los autores —de la Universidad East Anglia en Reino Unido— participan en un proyecto denominado *Sing Your Heart Out* —«canta fuerte con tu corazón»— donde organizan talleres de canto cada semana enfocados tanto a colectivos de riesgo como a la población general.

Unas ciento veinte personas participan en esta actividad y ochenta de estas han acudido a los servicios de salud mental. Los grupos han sido evaluados varias veces a lo largo de seis meses.

Los resultados observados han mostrado que cantar y socializar posee un efecto impresionante en el bienestar, en la mejoría de las habilidades sociales y en la sensación de pertenencia a un grupo. Aquí se aprecia de forma clara lo descrito por Robert Waldinger en su investigación.

Lo curioso es que a pesar de que cantar en solitario —¡quién no ha cantado en la ducha!— siempre ha sido un potente motor de motivación, el hecho de realizar el canto en público tiene efectos distintos y muy positivos para un grupo de la población.

Resulta interesante leer que los participantes habían denominado al proyecto como «salvavidas».

Viene a mi mente ahora el caso del joven director de orquesta, Íñigo Pirfano, que frisa en los cuarenta años, fundador de *A Kiss for All the World.* Con su fundación visita sitios duros, difíciles —cárceles, hospitales, campos de refugiados, lugares de enorme pobreza...— y dirige la *Novena sinfonía* de Beethoven, inspirada en el *Canto a la Alegría* de Schiller.

La gente, unida en un espacio, llora, se emociona, se conmueve... porque la alegría se contagia y los sentimientos nobles saltan de unos a otros. En algún hospital en Sudamérica los internos reconocieron que había sido una de las experiencias más inolvidables de sus vidas. Mientras escuchan esa notas maravillosas, algunos se mueven al compás, otros se cogen de las manos... algo grande sucede en su interior.

9. *Ayuda si puedes*

Si tienes la posibilidad, no pierdas la oportunidad de hacer algo por los demás. No se trata de deber favores y llevar un cómputo de lo que te han dado o de cómo has favorecido a otros. Pocas cosas generan mayor gratificación que la de poder ayudar a otros en algo que está a nuestro alcance. Da sin pedir a cambio; lógicamente sin caer en el buenismo. Adicionalmente puede significar un puente con otras personas. La vida da muchas vueltas y quizá llegue a sorprenderte.

10. No tengas miedo de sentirte vulnerable ante otro o de pedir ayuda

En las relaciones no siempre hay que buscar generar lazos fuertes, sino que a veces tan solo queremos una mano amiga que pueda ayudarnos a salir de un aprieto. Sé humilde en esos momentos. No tengas miedo de que te puedan ver débil o en una situación delicada, busca a las personas adecuadas que no te juzguen y puedan tirar de ti hacia arriba.

Pedir dinero

Hace unos meses un paciente me comenta que se acaba de separar. Tiene tres hijos. La situación con su mujer era insostenible, discutían a diario y finalmente optaron por vivir separados. Anímicamente se encuentra bajo, algo deprimido y sin fuerzas. En el trabajo están realizando un ajuste de personal y le han bajado el sueldo. No tiene suficiente para pasarle a su mujer para los niños, el colegio y la comida.

Ha cambiado dos veces de piso y ahora, para no preocupar a su exmujer porque no le llega el dinero, está compartiendo piso con unos estudiantes. Eso le lleva a hundirse más y más porque los días que tiene a los niños con él evita ir a su casa para que no vean dónde está viviendo. Se siente mal padre, no tiene dinero para llevarles a merendar a algún sitio que pueda gustarles. Los regalos a sus hijos son sencillos, a veces cosas de segunda mano por internet.

Su padre acude un día a consulta a hablar conmigo, está preocupado porque ve a su hijo triste. Mientras habla me doy cuenta de que no es consciente o no está informado de la situación económica de su hijo. En un momento dado me dice:

—Es hijo único, y cualquier cosa que pueda hacer por él, me encantaría. Mi mujer y yo tenemos un dinero ahorrado que no necesitamos y quizá puede serle útil.

Días después, me vuelvo a entrevistar con mi paciente. Le comento la conversación con su padre y me contesta:

—Me cuesta pedir favores; me cuesta pedir dinero.

Le explico que, ante la situación dramática y difícil que tiene, nadie mejor que su padre puede ayudarle. Añado que hay momentos en los que uno tiene que saber apoyarse en los suyos, sin abusar. Fue parte de la terapia que pudiera pedir ayuda, pero resultó un factor determinante en su estado de ánimo y en su relación con sus hijos.

11. *Habla bien de los demás, no critiques*

Insisto mucho: hablar bien de las cosas buenas; y con las malas, mantener una posición neutra. Hay que proponerse seriamente que en las conversaciones en que uno intervenga no se generen críticas o juicios negativos.

Cuánto se agradece cuando, en una cena o reunión entre amigos, alguien frena una crítica, una conversación negativa sobre otros. Hablar mal de los demás induce nuestro organismo a un estado emocional tóxico —¡lleno de cortisol[2]!— y sabemos los riesgos que ello conlleva.

La crítica es casi un deporte internacional y estamos demasiado acostumbrados a que forme parte de nuestra vida. Si quieres que confíen en ti, si quieres que te valoren como persona íntegra y que la gente busque tu amistad, crea en ti o en tu negocio, sé discreto. Todas las personas del mundo, a pesar de su maldad o mala actitud, tienen algo bueno que rescatar. Si no lo sabes o no conoces nada bueno, déjalo. No generes peor ambiente tratando un tema que parece no tener solución. En esos casos, enfócate más en salir del problema, en resolverlo, que en el problema en sí. Más vale aprender a gestionar a esa persona —a veces será conveniente distanciarse de ella— que degollarla con tus palabras. No hablar mal de nadie produce una enorme paz, es como un sedante incorporado en la ingeniería de nuestra conducta, incluso cuando nos lo pongan en bandeja.

[2] En el capítulo siguiente, hablaremos de esta hormona.

12. Cuenta historias

A la gente le gustan las historias. A veces aportar imaginación, un poco de ilusión y magia en la forma en la que nos expresamos puede generar un buen ambiente. Por ejemplo, sabemos que las historias satisfacen emocionalmente a las audiencias, a las reuniones o incluso a los consejos.

Los humanos siempre las han buscado, las buscan y las buscarán. Pensemos en los magos, su manera de generar cercanía con el público surge a raíz de contarlas y sin ellas los trucos tendrían un efecto descafeinado. Un gran amigo mío, mago, nos conquista con su magia pero también con sus palabras alrededor de la alquimia desplegada.

Científicamente sabemos que las historias hacen que el cerebro libere oxitocinas, sustancia química asociada con la empatía y la sociabilidad. En la empatía entran en juego las neuronas espejo. Están especializadas en entender la conducta y las emociones de otros. Descubiertas por Giacomo Rizzolatti, han significado un avance muy significativo en el mundo de la neurociencia.

Un muro de cemento

Hace unos años, dos pacientes se encontraban compartiendo habitación en la Unidad de Paliativos de un hospital. Luis, acostado al lado de la ventana, daba conversación a Daniel. Cada día, le contaba, con todo lujo de detalles, qué sucedía en la calle. Sobre todo le narraba las aventuras —vistas desde la ventana— de una familia que vivía cerca del hospital. La madre jugaba con varios hijos en el jardín.

Hablaba con naturalidad y gracia, arrastrando la voz por los efectos de la quimioterapia. Para Daniel, los últimos meses de vida estaban siendo entretenidos por su compañero de habitación. Los días que estaban solos, sin amigos o familiares, Luis le decía:

—¿Te cuento lo que veo?

A Daniel se le iluminaban los ojos. Y ahí empezaba un relato que podía durar horas. Meses después, Luis falleció y a los pocos días su cama era ocupada por otro paciente.

Daniel, ilusionado al pensar que podía recuperar aquellos relatos de su amigo, pidió a su nuevo acompañante que le informara sobre los niños del jardín. La respuesta que obtuvo le dejó petrificado:

—Aquí no hay un jardín, hay un muro de cemento.

Luis había utilizado la imaginación, había usado sus recursos para inventar historias que entretuviesen a Daniel.

A través de la empatía, Luis había sido capaz de ponerse en la situación de su compañero para conseguir transmitir ilusión a Daniel y ayudarle a sobrellevar su enfermedad.

13. En el amor y en la guerra (¡y en la amistad!), lo importante es la estrategia

Ya lo decía Napoleón. No tengas miedo a coger un lápiz y un folio. Un boli de cuatro colores, rotulador o pizarra. Escribe, tacha, haz flechas… En definitiva, traza un plan. Te sorprenderá que haya gente que se conoce, encontrarás experiencias del pasado que te sean útiles, y si necesitas trabajar alguna habilidad porque notas que te cuesta, lee, infórmate o pide ayuda.

Existen múltiples métodos para mejorar en asertividad y habilidades sociales. Tenemos libros y tutoriales para todos estos temas. Con práctica, humor y buena voluntad, puedes mejorar si te lo propones.

14. No pierdas la educación

Hay palabras que tocan el corazón de otros: gracias, perdón y por favor. Nos acostumbramos a dar todo por hecho. En este libro vamos a insistir mucho en la importancia que tienen las palabras en nuestra mente. No dejamos indiferente a nuestro organismo con las palabras que empleamos: en las conversaciones interiores y en el lenguaje con los que nos rodean.

15. No olvides que para recibir tienes que dar y darte primero

No pretendas que todo surja sin que aportes tu granito de arena. Los resultados inmediatos son a veces engañosos, hay que aceptar que es muy difícil conseguir relaciones estables y duraderas —en todos los ámbitos de la vida— en cuestión de minutos. Requiere paciencia, constancia y saber darse.

Si consigues que la gente te valore y cuente contigo, que seas alguien importante en su vida, te sorprenderás positivamente al percibir que te buscan, te requieren en los buenos y malos momentos. Te tienen en su radar mental. Esto sirve en las relaciones con amigos, con familiares o en el mundo de los negocios. Haz que se queden con algo de tu conversación, de tu forma de ser o de tus capacidades. Sea cual sea tu finalidad, trata siempre de mejorar, dar valor y ayudar a sacar lo mejor de los demás. Intenta ser persona vitamina, alguien que aporta, que ayuda, que resulta alegre y optimista en un momento de turbulencia.

Busca que tus metas tengan una finalidad buena; cuando tus objetivos tienen un valor positivo, atraes cosas positivas. Si tus formas, tus maneras de adentrarte en los demás, tienen un toque tóxico, atraerás lo negativo.

No te olvides, los amargados van juntos de la mano y poseen un entorno amargado. Una persona así era calificada hace unos años por la psiquiatría europea como neurótica, agria, resentida, dolida y echada a perder. Lo he dicho en las páginas que preceden: el optimismo es una forma aguda y sui géneris de observar la realidad. Saber mirar es saber amar y saber conocer.

16. Intenta ser amable, es más importante de lo que puedas imaginar

Yo compro fruta en un lugar cercano a mi casa. No es especialmente barato, pero el frutero, Javi, está pendiente de cada uno. Se sabe nuestros nombres, nos trata con una cordialidad especial y cada vez que voy le regala una pieza de fruta a alguno de mis hijos. Estuvo fuera unos meses, todos notábamos su ausencia. Cuando regresó, reconoció que había estado de baja por un problema grave de espalda y me comentó la medicación que estaba tomando. Medicación fuerte, que no le quita el dolor, pero le deja trabajar. Impresionante, sigue tratando, a pesar de ese dolor que sabemos persiste, a todos con el mismo mimo y cuidado; sabiendo asesorarnos en frutas y verduras como si fuera la decisión más importante de nuestras vidas.

Gente así facilita la convivencia y la hace más agradable. En una sociedad donde reina la prisa, la interacción digital y la falta de tiempo, muchos creen que ser amable está en desuso. Nos cuesta parar, hacer un esfuerzo y saludar o preguntar con calma. La definición de la RAE sobre una persona amable es «digno de ser amado, afable, complaciente y afectuoso». Alguno suspira al leerlo, ¡esto es casi imposible!

Existen personas cuya amabilidad parece ir inserta en sus genes, casi no precisan esfuerzo porque es algo que les sale de forma natural. Ser amable ser capaz de transmitir cordialidad y simpatía, dignificando a los demás. No olvidemos que las personas poseemos un «gen de amabilidad» desde muy pequeños. Esta herramienta nos influye de manera importante. Por ejemplo, ante el estrés, la adversidad o las situaciones de peligro, el tener trabajada esta habilidad nos lleva a cuidar y ayudar a otros, en vez de buscar únicamente nuestra propia supervivencia o bienestar. Otro dato: las personas que habiendo sufrido un ictus perciben cariño y amabilidad alrededor sienten menos dolor que aquellas que se encuentran solas.

Conocemos más beneficios de la amabilidad, aparte de lo que mejora nuestras relaciones. Toca volver a hablar de un componente bioquímico que tratamos en profundidad en este libro. La amabilidad genera endorfinas, las cuales a su vez reducen los niveles de cortisol —hormona del estrés y de la ansiedad—, y aumentan la oxitocina —hormona del amor y de la confianza—. Por lo tanto, a través de ella mejoran la hipertensión y los problemas cardiovasculares y disminuye la sensación de dolor. Todos estos efectos nos conducen a una sensación de equilibrio y bienestar interior. Observar a gente amable —incluso en películas— mejora nuestro ánimo y tiene efectos importantes a nivel fisiológico.

Por supuesto, ¡todo en su lugar! Si alguien tiene dificultad para ser amable, afectuoso o cercano, debería practicar poco a poco. Hay que evitar resultar falsos; pocas cosas generan más rechazo que la sensación de hipocresía o simulación. Tampoco conviene confundir amabilidad con ingenuidad o buenismo. Ante un ataque, un rechazo, una agresión, hay que saber separarse, distanciarse y ser consciente del daño recibido.

El caso de Susana

Susana estudió Óptica y trabaja en la farmacia de su prima en Valencia. Está casada con Jorge, un hombre muy trabajador que tiene concesionarios de coches y comparte el negocio con sus hermanos. Tienen dos hijos, de uno y cinco años.

Cuando Susana acude a mi consulta me cuenta que su marido se ha ido de casa. Ella está desolada «porque mi matrimonio funcionaba muy bien, no teníamos casi discusiones y no entiendo qué ha podido suceder». Según me relata, no ha pasado nada fuera de lo normal, simplemente, Jorge un día le dijo que no podía más y se marchaba de casa. Ella insiste en que la relación era buena entre ambos y que tenían un matrimonio envidiado por muchos. Al preguntarle si hay otra persona, ella me responde que está segura de que es así, pero que él lo niega. Entramos a descifrar la personalidad y biografía de Susana y nos topamos con una mujer de gran corazón, amable, cercana y amiga de todos. Siempre está pendiente de su entorno.

Su padre es un hombre de carácter fuerte, impulsivo, pero ella le sabe llevar bien y, cuando todo parece derrumbarse, ella posee la habilidad de reconducir la situación. Cuando me cuenta sobre los últimos años de matrimonio con Jorge, detectó muchas faltas de delicadeza por parte de él: humillaciones, exigencias absurdas y múltiples manías. Los fines de semana, él pedía que la casa estuviera limpia y gritaba a Susana pidiéndole que lavara los cristales y el suelo varias veces. Ella con su habitual simpatía, obedecía para que él estuviera contento, sin darse cuenta de que la relación se había convertido en una dictadura donde ella se encargaba de hacerle la vida agradable, sin pensar. Susana me lo describía de esta manera:

—Siempre he sido amable, cercana y cariñosa con los míos, sin pensar en exceso, sé que es la clave de las buenas relaciones.

Efectivamente, Susana tiene razón, pero, si uno no sabe medir el grado de amabilidad que desprende, puede acabar convirtiéndose en víctima de alguien que te use o manipule. ¡Hay gente que se aprovecha de manera escandalosa de personalidades de este tipo!

LO QUE EL MUNDO NECESITA ES… OXITOCINA

Esta hormona tiene un papel fundamental en el nacimiento, parto y lactancia. Es la hormona encargada de la expulsión del bebé y por otra parte es la encargada de la subida de la leche durante el puerperio. Sabemos que esta hormona se encuentra en la base de dos fenómenos primordiales de la vida emocional: la confianza y la empatía. Por lo tanto, es una herramienta clave en las relaciones sociales y en la manera que tenemos de interactuar con otros.

El ser amable, comunicarse de forma positiva, activa la oxitocina, lo que tiene efectos maravillosos en el organismo: disminuye la sensación de ansiedad, es un protector del corazón e incluso sabemos que baja los niveles de colesterol.

LA COMPAÑÍA DE OTROS NOS RESULTA PLACENTERA. LA OXITOCINA Y LA DOPAMINA

Hay dos hormonas que se segregan estando en buena compañía y disfrutando la vida acompañados de personas a las que queremos: la citada oxitocina y la dopamina —hormona del placer—.

Incluso se está investigando aplicar esprays o vaporizadores de oxitocina a personas con autismo, pero los resultados de los primeros experimentos realizados son todavía poco concluyentes.

La oxitocina también puede ser un factor clave en el mundo de los negocios y de la economía. En un artículo publicado en las revistas *Nature* y *Neuron,* el director del Instituto de Investigación Empírica en Economía de la Universidad de Zúrich, Ernst Fehr, demostró que la oxitocina potenciaba la capacidad de las personas para confiar su dinero, patrimonio u ahorros a otros. Observaron que los participantes en el experimento que habían sido estimulados con oxitocina confiaban su dinero de forma más fácil que aquellos que recibieron placebo; el 45 por 100 del primer grupo acordó invertir una gran cantidad de dinero, mientras que el segundo grupo únicamente el 21 por 100.

Cuando los niveles de oxitocina se elevan por encima de lo normal, las emociones de las personas como amor, empatía y compasión son más intensas. Incluso se ha observado que en esos casos, con esta hormona por las nubes, resulta más difícil mantenerse resentido o enfadado. Cuando la oxitocina está elevada, la amígdala del cerebro, zona encargada del miedo, se desactiva; por lo tanto la ansiedad, la angustia, las obsesiones y los pensamientos negativos disminuyen en intensidad.

Sabiendo todo esto, prueba a ser amable; durante las próximas semanas escoge alguna persona que te cueste más e intenta generar un vínculo más agradable. Busca las personas con las que pasas muchas horas al día e intenta que la relación sea más cercana; sonríe, interiormente trata de no juzgar tanto y, sabiendo que hay tanto en juego, y que si te lo propones de verdad eres capaz de alterar tu cerebro, tus emociones y tu bioquímica, ¡prueba a querer más, querer mejor y ser más compasivo con tu entorno!

Tu vida se mide no por lo que recibes, sino por lo que das. Pregunto con mucha frecuencia a mis pacientes:

—¿Qué haces por los demás?

Pon más atención a tus relaciones, desde tu familia a tus amigos, o compañeros de trabajo, hasta incluso vecinos. Invierte en las personas, de verdad. Si lo haces de forma auténtica, con cariño, no te cansarás tanto como piensas. Ofrece tu presencia y ayuda reales, no un simple «para cualquier cosa que necesites» vacío de contenido. En una sociedad que tiende a la soledad y al aislamiento, busca salir de ti mismo.

El amor a los ideales y a las creencias

Las ideas se tienen; en las creencias se está.

Ortega y Gasset

Todos conocemos gente que ha sobrevivido a las peores circunstancias por el amor que profesaban a sus ideales. Desde Nelson Mandela en la isla Robben —el amor a su pueblo—, Tomás Moro en la Torre de Londres —sus creencias— hasta Maximiliano Kolbe entregando su vida a cambio de un padre de familia en el campo de concentración de Auschwitz. Incluso los soldados rusos en la Segunda Guerra Mundial aguantaban situaciones adversas, con menos de veinte grados bajo cero en el campo de batalla, por amor a su patria. Cada uno tiene sus propios ideales, pero si son fuertes, pueden ser un aliado en el sufrimiento.

Viktor Frankl es un maestro en muchos aspectos. Vivió y analizó con profundidad la «psicopatología de masas» durante la Segunda Guerra Mundial. Insistía en una idea: al hombre se le puede arrebatar absolutamente todo, exceptuando la última de sus libertades humanas: la elección de su actitud ante la vida. Aquí entran los recuerdos, los valores y los ideales. Con ello puede diseñar, a pesar de la circunstancias, su propio destino. Esa libertad interior de la que no nos pueden privar nos permite encontrarle sentido a nuestra vida cualesquiera que sean las circunstancias. Incluso en los campos de concentración durante la Segunda Guerra Mundial hubo personas que, aferradas a dicha libertad interior, supieron elevarse sobre las atrocidades que les rodeaban.

Viktor Frankl desconocía la parte bioquímica de la esperanza y de la pasión, pero observó que cuando alguien poseía recuerdos a los que agarrarse o ideales, esa persona tenía la capacidad de sobrevivir física y psicológicamente a cualesquiera traumas. Poseer ideales, mantener recuerdos agradables de nuestra vida a los que recurrir cuando las circunstancias nos opriman, puede suponer un importante refuerzo para enfrentarnos a los problemas que sobrevengan en un futuro.

¡Por supuesto, cuidado con ideales extremistas! El extremismo justifica cualquier idea o actuación con el fin de conseguir un objetivo. El razonamiento del extremista legitima todo, incluso auténticas barbaridades carentes de moral, con tal de alcanzar sus metas. Es bueno que nuestro sistema de valores sea la brújula de nuestra vida, que guíe nuestra actuación. Pero hay un problema de extremismo si en el camino hacia esa meta legítima atropellamos a los demás. La persona con ideas radicales no solo no es capaz de entender y respetar las convicciones de otros, sino que llega a justificar cualquier vulneración de los derechos ajenos si ello le acerca al fin pretendido.

> Como bien decía Einstein: preocúpate más por tu conciencia que por tu reputación. La conciencia es lo que eres; la reputación lo que los demás piensan que eres.

El amor a los recuerdos

Hay momentos en la vida cuyo recuerdo
es suficiente para borrar años de sufrimiento.

Voltaire

¿Te sorprende que el amor a un recuerdo pueda mitigar el dolor?

Continuando con Viktor Frankl, él observó que en Auschwitz había personas que fallecían pocos días después de llegar, independientemente de su estado físico, y otras que aguantaban largos periodos de tiempo pese a no ser aparentemente más fuertes que los que caían antes. Su propia experiencia en el campo de exterminio le confirmó su nueva de teoría de la logoterapia, que llevaba estudiando desde antes de la guerra. Las personas cuyas vidas tienen un sentido toleraron mejor el sufrimiento de Auschwitz.

¿Cómo lo podemos interpretar adaptándolo a la vida moderna?

> Las personas que encuentran una finalidad, un objetivo, un sentido a su vida, tienen más razones para ser felices.

¡Cuánta gente no encuentra motivos para levantarse cada mañana!

Si uno tiene pensamientos y recuerdos constantes relacionados con gente a la que quiere, momentos especiales, o ilusiones por las que vivir será más alegre y feliz. ¡Cuidado, eso no siempre nos sale natural y hay que pelearlo! Hemos de ser capaces de reflexionar, de pensar en nuestras vidas y encontrar esas personas, momentos o esperanzas para que se conviertan en nuestras fuerzas motrices. Hay mucha gente que se abandona, que no busca en su interior, que cada día de su vida simplemente se deja llevar.

Nos adentramos en un tema importante. Recordar escenas placenteras tiene un fuerte impacto en el cerebro: el hecho de recordar momentos especiales de nuestro pasado tiene la capacidad de producir las mismas sustancias y activar las mismas zonas cerebrales que se activaron cuando eso pasó en realidad. Esto constituye, en mi opinión, el principio de una auténtica revolución en el mundo de la neurociencia.

El doctor Herbert Benson, médico y cardiólogo, profesor de la Universidad de Harvard, ha sido uno de los primeros científicos en ahondar en la relajación y meditación inspirándose en la filosofía oriental. Es pionero en estudios de mente y cuerpo, lo que él denomina «medicina del comportamiento». Su objetivo es demostrar la bondad de la meditación y determinadas actitudes mentales frente a los efectos nocivos de la ansiedad y el estrés. Sus ideas han significado un puente entre la religión y la medicina, fe y ciencia, aunando Oriente y Occidente, mente y cuerpo. El doctor Hebert Benson aplica un nombre a este concepto: el bienestar recordado. Recordar eventos gratificantes, emotivos o alegres del pasado permite a nuestro organismo liberar sustancias bioquímicas antidepresivas.

Cuando percibo que hay tensión en alguna pareja, suelo preguntar:

—¿Cómo os conocisteis, cómo te conquistó tu marido?

A pesar del malhumor y de la tensión acumulada, el hecho de recordar eventos alegres del pasado consigue cambiar, al menos momentáneamente, el tono emocional de quien habla. Por eso muchas técnicas de relajación o de curación de estrés o traumas tienen lo que llamamos un «lugar seguro» en la mente. Una sensación, recuerdo o imagen que nos produce paz, solo con evocarla en nuestra mente.

El doctor Benson sostiene que una persona con dolor de cabeza o dolor de espalda puede mejorar con placebo. ¿La razón? Recuerda la sensación de bienestar que experimentaba tras ingerir la medicación. Por eso el efecto placebo tiene ese efecto casi mágico por todos conocido.

Susumu Tonegawa.
El poder científico de un recuerdo placentero

El biólogo molecular japonés Susumu Tonegawa fue galardonado con el Premio Nobel de Medicina en 1987 por el descubrimiento del mecanismo genético que produce la diversidad de los anticuerpos, lo que supuso un gran avance para la investigación inmunológica. En 1990 cambió bruscamente su campo de estudio, enfocándose en profundizar sobre la base molecular de la formación y recuperación de la memoria. Dos años después descubrió una enzima a la que bautizó como CaMKII —calcio calmodulina quinasa II—, involucrada en la transducción de señales entre células y mediadora fundamental en los procesos de aprendizaje y memoria. Una mala regulación de esta enzima está relacionada con el alzhéimer.

Una investigación liderada por Tonegawa desde el MIT, publicada en la revista *Nature* en 2017, postula que recordar sucesos pasados tiene un efecto positivo en el estado de ánimo debido a que se pone en marcha el sistema de recompensa y se activa el sistema de motivación.

Traer a la mente experiencias positivas del pasado resulta un antídoto potente contra la depresión y otros estados alterados de ánimo. Puede no sorprender a algunos, pero resulta reconfortante saber que esta afirmación de sentido común posee una base neurocientífica verificada.

Varias zonas del cerebro están involucradas en este proceso; por una parte el hipocampo —zona de memoria por antonomasia—, la amígdala —que gestiona el miedo y recuerda experiencias con alto contenido emotivo— y el núcleo accumbens —sistema de recompensa—.

Los recuerdos tienen un poder curativo incluso mayor que las experiencias positivas en sí mismas.

3
El cortisol

Pensar altera nuestro mundo interior. Imagina que estás en un cine o un teatro y oyes que alguien grita:

—¡Fuego!

Inmediatamente te pondrías alerta y buscarías corriendo y con angustia la salida más próxima.

¿Qué sucede en ese instante en tu cuerpo? El organismo se sobresalta y manda una señal al hipotálamo, que, a su vez, activa otras zonas cerebrales. Comienza una respuesta involuntaria del organismo a través de señales hormonales y nerviosas —la mente a veces todavía no ha tomado conciencia del peligro— con la taquicardia, sudoración y subida de temperatura que todos hemos experimentado en algún momento. Esta información pasa por el tálamo y por la corteza cerebral, donde se procesa de forma cognitiva la información recibida y se decide, en la medida en que la sensación de miedo lo permite, cómo responder ante la amenaza.

A continuación las glándulas suprarrenales, ubicadas encima de los riñones, tras recibir la señal del hipotálamo, liberan una serie de hormonas entre las que destacan la adrenalina y el cortisol.

Conoce a tu compañero de viaje

Aquí te presento a un compañero de viaje crucial de tu vida. Tras la lectura de las próximas páginas, vas a entender por qué te sucede lo que te sucede, vas a entender algunos momentos de tu vida y vas a comprender los comportamientos de muchos de los que te rodean. Presta especial atención a este capítulo.

> El cortisol en sí no es malo, lo que es perjudicial para el organismo es su exceso.

Sigamos con nuestro relato. Seguimos en el cine. Si no contáramos con el cortisol probablemente nos quedaríamos sentados en nuestra butaca disfrutando del espectáculo de humo y llamas. El cortisol, por lo tanto, es fundamental para la supervivencia.

Imagina, en cambio, la situación real. Te levantas con taquicardia, hiperventilación y sensación de angustia e intentas buscar la salida más próxima. Ves la cara de susto de los que te rodean; te cuesta pensar con claridad. Por fin consigues llegar a la calle, sudando, el cuerpo te tiembla. Ya en la calle, alguien te dice que no te preocupes, que estaban arreglando las alarmas y saltaron sin motivo, pues no hay ningún incendio. En ese instante, reabren las puertas y diez minutos después todos los asistentes vuelven a ocupar sus lugares. Cierto, todo el público regresa a su situación anterior, pero realmente nadie se encuentra en las mismas condiciones fisiológicas y mentales que antes de que sonara la alarma.

¿Por qué? Ese pico de cortisol que hemos experimentado tarda varias horas en desaparecer del todo y regresar a un nivel normal. Seguro que te ha pasado en alguna ocasión: vas conduciendo. Alguien se cruza con una maniobra inadecuada, no te chocas, nada sucede, pero tu organismo percibe esa amenaza y tu cuerpo siente una punzada en el pecho. Pero ¡si no ha pasado nada! Es la señal de alerta de tu cuerpo.

Por lo tanto, ¿cuál es la función del cortisol?

— El cortisol afecta de forma profunda a múltiples sistemas del organismo. Con el cortisol elevado nos preparamos para salir corriendo, la sangre viaja de los intestinos a los músculos para ayudarnos y potenciar la acción evasiva o defensiva, por eso perdemos el apetito en los momentos de angustia. Los sentidos se activan («Tengo los nervios a flor de piel»), intentando percibir cualquier estímulo que ayude a identificar la amenaza intuida. Tu musculatura recibe las señales necesarias (tanto nerviosas como bioquímicas) para prepararse para la evasión del peligro o la lucha. El cortisol ayuda a que el oxígeno, la glucosa y los ácidos grasos puedan cumplir sus respectivas funciones musculares. El ritmo cardíaco acelerado hace que el corazón bombee más rápido, facilitando el transporte de sangre y nutrientes a los músculos para que estos puedan responder ante la eventual amenaza.
— El cortisol, por otra parte, inhibe la secreción de insulina, provocando la liberación de glucosa y proteínas a la sangre. Por eso, si el cortisol no está bien regulado en un tiempo no muy lejano puede aparecer la temida diabetes.
— Esta hormona ayuda a regular el sistema osmótico del cuerpo, agua-minerales. Es clave en el control de la tensión arterial, participa en los huesos (el cortisol puede favorecer la aparición de la osteoporosis) e incluso en los músculos (contracciones, tirones, calambres...).
— El cortisol tiene una función esencial: afecta profundamente al sistema inmunológico, inhibiendo (en primer lugar) la inflamación. Trataremos de ello más detalle, puesto que es imprescindible para entender la aparición de algunas enfermedades graves. Ante el estrés, el organismo dosifica sus recursos energéticos. El sistema inmune precisa gran cantidad de energía; por eso cuando enfermas te sientes agotado; en gran medida tu energía está siendo canalizada y empleada por tu sistema defensivo.

— Finalmente altera a nivel endocrinológico a varios sistemas:
  - Sistema reproductivo; por eso el estrés y el sufrimiento pueden alterar el ciclo normal de la mujer o la capacidad para quedarse embarazada.
  - Sistema de crecimiento, inhibiéndolo.
  - Sistema tiroideo, con la aparición de alteraciones (tanto hiper como hipotiroidismo) u otras enfermedades relacionadas con esa glándula.

A todo esto se añade un factor relativo al crecimiento del cuerpo. Ante una amenaza inminente tu cuerpo precisa toda la energía posible. Por ello, paraliza y bloquea todo lo prescindible, incluyendo lo que tenga que ver con el crecimiento. Todos los días mueren millones de células y por eso el ser humano precisa una regeneración celular a diario, pero si interferimos —por estrés— en ese crecimiento, el cuerpo enferma porque está perdiendo células que no consigue reemplazar.

¿Qué pasa si retornas al lugar del evento traumático?

Un tiempo después regresas al mismo lugar. Te sientas en la butaca y de repente, no sabes por qué, estás alerta. Te levantas y oteas con la mirada algún lugar cercano a la puerta de emergencia. Incluso lo piensas bien y cambias de sitio para sentir la proximidad de la salida. Lo que te ocurre es que estás reviviendo la angustia de la vez anterior. Tu cuerpo en ese momento está generando la misma cantidad de cortisol que cuando «de verdad» sonó esa alarma.

> Tu mente y tu cuerpo no distinguen
> lo que es real de lo que es imaginario.

El cerebro, por lo tanto, altera profundamente nuestro equilibrio interior. Cuando pensamos en cosas que nos preocupan, esos pensamientos tienen un impacto similar a la situación real. Cada vez que imaginamos algo que nos agobia, se activa en el organismo el mismo sistema de alerta, y se libera el cortisol que sería necesario para hacer frente a esa amenaza.

¿Qué sucede si vivimos preocupados por algo constantemente?

Las preocupaciones o la sensación de peligro prolongada —real o imaginario— pueden aumentar los niveles de cortisol hasta un 50 por 100 por encima de lo recomendable. ¡Dato fundamental para entender el estrés!: el cuerpo no se pone en marcha únicamente ante un peligro real o una amenaza. También se activa —¡de la misma manera!— ante la inquietud de poder perder nuestro trabajo o nuestros bienes o ante la posibilidad de que peligre nuestro prestigio, una amistad o nuestra posición social en la comunidad o en un grupo determinado.

El cortisol es una hormona cíclica, durante la noche su nivel es bajo y asciende hasta el pico de las ocho de la mañana volviendo luego a descender de manera progresiva. La liberación del cortisol posee un patrón que sigue habitualmente el ritmo de la luz: se libera más al despertarse, lo que resulta en cierto modo beneficioso para activarnos por las mañanas, decrece a lo largo del día y aumenta ligeramente al anochecer. Su descenso es clave para que se produzca melatonina e inducir el sueño.

> Cuando el cortisol se eleva de forma crónica pasa a comportarse como un agente tóxico.

El estrés es uno de los factores predominantes que articula la respuesta inflamatoria del organismo. A través de los tres principales circuitos —endocrino, inmunológico y neuronal—, el estrés provoca modificaciones sustanciales en el correcto funcionamiento de los sistemas involucrados en el proceso inflamatorio.

— En el endocrino, el organismo responde activando la liberación del cortisol y de la norepinefrina. Si uno se «intoxica» por cortisol en sangre, se produce una alteración de la respuesta inflamatoria.
— El sistema inmunológico también posee una relación importante con la respuesta inflamatoria. Las células de defensa, que disponen en su membrana de receptores específicos para el cortisol, se vuelven más sensibles y dejan de controlar de forma tan específica la inflamación. Este es uno de los factores más importantes de muchas de las enfermedades del siglo XXI. Lo abordaremos más adelante.
— El sistema nervioso es el responsable de elaborar y coordinar la respuesta frente a una amenaza o peligro. El cerebro, mediante el sistema nervioso periférico (el sistema nervioso simpático posee una importante función) ayudado del sistema hormonal (cortisol), pone en alerta al resto del cuerpo. Estas señales permitirán los cambios de nuestro organismo a que nos hemos referido para adaptarse a ese peligro. Si el estrés se convierte en crónico, los mecanismos de adaptación y reacción se saturan, pudiendo producirse un bloqueo neurológico que derive en diferentes enfermedades.

Por lo tanto, una persona bajo estrés continuo sufre principalmente dos problemas: por una parte, el crecimiento y la regeneración sana del cuerpo se detienen y, por otra, el sistema inmunológico se ve inhibido.

Entendamos el sistema nervioso

El sistema nervioso vegetativo está formado por el conjunto de neuronas que regulan las funciones involuntarias. Este sistema se subdivide a su vez en el sistema nervioso simpático y el nervioso parasimpático, dos sistemas completamente antagónicos, el primero relacionado con la acción y el segundo, con el reposo.

El sistema nervioso simpático

Está relacionado con el instinto de supervivencia, con el comportamiento que se activa en los momentos de alerta. Pone en marcha mecanismos de aceleración y fuerza de la contracción cardiaca, estimula la erección capilar y la sudoración. Facilita la contracción muscular voluntaria, provoca la dilatación de los bronquios para favorecer una rápida oxigenación, propicia la constricción de los vasos redirigiendo el riego sanguíneo desde las vísceras a los músculos y el corazón. Provoca la dilatación de la pupila para captar mejor cuanto nos rodea y estimula las glándulas suprarrenales para la descarga de adrenalina y cortisol. Todo esto viene muy bien para mantenernos alerta en situaciones novedosas, en las que sentimos incertidumbre o en las que nuestra seguridad personal se ve amenazada. Si hay que darse a la fuga, resulta conveniente que la sangre no se encuentre en nuestro aparato digestivo sino en los músculos de nuestras extremidades, pues ya tendremos tiempo de hacer la digestión cuando nos encontremos a salvo de la amenaza que se cierne sobre nosotros.

El sistema simpático es, por lo tanto, clave en la reacción de estrés que se produce ante lo desconocido, lo que no controlamos o con lo que no estamos familiarizados. Pero una activación constante de este sistema puede resultar muy perjudicial para la salud, entre otras cosas porque impide la regeneración de los tejidos que favorece el sistema parasimpático.

El sistema nervioso parasimpático

Prioriza la activación de las funciones peristálticas y secretoras del aparato digestivo y urinario. Propicia la relajación de esfínteres para el desalojo de los excrementos y la orina, provoca la constricción de los bronquios y la secreción respiratoria. Fomenta la vasodilatación para redistribuir el riego sanguíneo hacia las vísceras y favorecer la excitación sexual, y es responsable de la disminución de la frecuencia y fuerza de la contracción cardiaca. En general, el sistema nervioso parasimpático está relacionado con el cuidado de las células y los tejidos, evitando o reduciendo su deterioro, de tal forma que podamos vivir más tiempo y en mejores condiciones.

Diferentes tipos de estrés

Existe un estrés «bueno» —eustrés—, que no es malo ni tóxico. Es la respuesta natural que el organismo activa ante una amenaza real o imaginaria, imprescindible para la supervivencia en los momentos de peligro y que nos ayuda a responder de la mejor forma posible ante el desafío. Ese estrés bueno surge cuando el sujeto gestiona tensiones, preocupaciones o frustraciones propias de la vida. Ejemplos son el que alguien tiene ante un examen importante, una competición deportiva, un reto profesional, una persona que nos tensa... En estas situaciones la persona es capaz de adaptarse a lo que sucede y reequilibrarse al poco. Es un estrés positivo y bueno, ya que potencia al individuo permitiendo que se enfrente a diferentes realidades, madure y progrese en la vida.

Es importante aprender a lidiar con esos momentos desde la infancia, permitiendo a los niños que convivan con ello para que se desarrollen emocionalmente de forma sana y saludable.

Por otro lado existe el estrés tolerable. En este caso, el factor de alerta llega sin buscarlo y genera una situación de tensión tensa, pero limitada en el tiempo. Desde un despido hasta el fallecimiento de alguien cercano, una enfermedad grave, una ruptura emocional... Estas situaciones mal gestionadas pueden desembocar en estrés tóxico. Bien gestionadas son un puente hacia la madurez y hacia una buena inteligencia emocional en el futuro.

Estudios afirman que jóvenes que han atravesado situaciones complejas, manejando tensión y frustración desde una conducta apropiada, tienen mejor situación emocional en la edad adulta. Aquí se empiezan a fraguar los instrumentos de la resiliencia, es decir, la capacidad de las personas de ir adquiriendo herramientas para saber salir de momentos complicados en la vida incluso fortalecidos y reforzados.

Finalmente, existe el estrés tóxico: situaciones de la vida donde uno activa el estado de alerta —real o imaginario— de manera crónica. Puede ser por algo grave y muy estresante —un abuso, un maltrato, *bullying,* un abandono...— o menos grave, pero que se mantiene durante semanas, meses o años. Ese trauma provoca una fisura en el ser humano porque supera los mecanismos fisiológicos de alerta y recuperación.

Por lo tanto, según la capacidad que tenga el individuo, se adaptará mejor o peor y desarrollará un tipo de personalidad y de conducta. La clave de la vida —y yo lo intento en terapia— es ayudar a las personas a convertir el dolor, el estrés o el sufrimiento en posibilidad de crecimiento.

Los síntomas derivados de ese «cortisol tóxico»

La vida actual es más «inflamatoria» que la de antes.

El estrés crónico reduce la sensibilidad de las células inmunitarias al cortisol. Es decir, el sistema defensivo del organismo se desactiva y es incapaz de luchar contra una amenaza real. Frena la capacidad de regulación inflamatoria y, por lo tanto, nuestro cuerpo es incapaz de defenderse contra los peligros. De hecho, tras las situaciones de amenaza, miedo o tensión se activan sustancias —prostaglandinas, leucotrienos, citoquinas...— que pueden resultar profundamente dañinas para los tejidos. Esta es la causa por la cual en esos momentos somos más propensos a contraer infecciones. ¿A quién no le ha sucedido que unos días después de comenzar las vacaciones, enferma? Nuestro cuerpo se debilita y cede paso a algún catarro, infección de orina o gastroenteritis...

Esta alteración del cortisol-sistema inmunológico llega hasta los genes. Sabemos que «el cortisol tóxico» altera hasta los niveles más profundos. Las células «nuevas» llegadas desde la médula ósea serán insensibles al cortisol desde el nacimiento. Esto puede ser la causa de muchas enfermedades y trastornos de hoy en día. Estamos en pleno campo de experimentación.

La sola idea de sentirse amenazado aumenta la producción de las citoquinas inflamatorias, proteínas que pueden resultar muy dañinas para distintas células del organismo. Esto suele asociarse a una reducción de células de nuestro sistema inmune, lo que nos hace más proclives a contraer infecciones.

¡Y al contrario! Cuando, en lugar de sentirnos amenazados por otros, nos sentimos comprendidos y colaboramos con los demás, se activa el nervio vago, que forma parte del sistema parasimpático.

¿Qué sucede cuando, por estrés, problemas de diversa índole, temores o tensión, el nivel de cortisol permanece elevado durante mucho tiempo? Las personas que viven constantemente estresadas, alerta o con miedo, sufren un mayor deterioro de sus células y un envejecimiento precoz. Hoy sabemos que muchas enfermedades se activan y comienzan tras periodos de estrés crónicos donde las personas conviven con esas sensaciones.

El nivel de cortisol, como hemos explicado, sube en circunstancias de miedo, de amenaza, de tristeza o de frustración. Si estamos «intoxicados» por cortisol, esta hormona está inundando la sangre en lugar de la serotonina o la dopamina, hormonas que tienen un impacto positivo y de bienestar en el cuerpo y en la mente.

Esta sintomatología se produce a tres niveles: físico, psicológico y conductual o de comportamiento.

Físico

Te enumero algunos: caída de pelo —alopecia—, temblor de ojo, sudoración excesiva de manos y pies, sequedad de la piel, sensación de nudo en la garganta, opresión en el pecho, sensación de ahogo, taquicardias, parestesias —adormecimiento de extremidades—, problemas y cambios gastrointestinales, colon irritable, dolores musculares, problemas en la tiroides, migrañas, tics, artritis, fibromialgias...

El cortisol inhibe la producción de MSH —hormona estimulante de los melanocitos—. Estos se encargan de dar color al pelo y a la piel. Esa es la razón por la cual, tras estados de estrés mantenidos, pueden surgir canas o cambios de coloración en la piel.

En mujeres es muy frecuente que se vea alterado el ciclo menstrual, ya que las hormonas responsables de este son especialmente sensibles al estrés. Muchos de los problemas de fertilidad están relacionados con un estado inflamatorio de la mujer. En los últimos años he presenciado numerosos casos de pacientes mujeres que, tras ser tratadas con dieta y tratamiento antiinflamatorio, han podido quedarse embarazadas. Es un gran campo de estudio que es probable que avance mucho próximamente.

¿Por qué me duele todo?

Golpearse, hacerse heridas, caerse... forman parte de la vida de cualquiera. El organismo responde ante ese accidente poniendo en marcha los mecanismos de autocuración, entre ellos, la inflamación. Esta respuesta es buena y sana porque previene el cuerpo de infecciones y de males peores ayudando a reparar el daño producido en las células y de los tejidos. Esa rigidez en la musculatura —que provoca facilidad de roturas de fibras—, la sensación de dolor constante, de pesadez, tirantez o contracciones que todos hemos experimentado, tienen una explicación cuya causa última no siempre está en el aparato locomotor. El estrés mantenido de forma crónica, la falta de ejercicio sano o la alimentación son algunas de las causas de ese dolor constante. Esta es una de las razones por las que hoy se abusa de los AINES, fármacos antiinflamatorios como el ibuprofeno.

Los dolores musculares no solo son debidos a la inflamación provocada por el mecanismo adrenal-cortisol-inmunológico, sino por la activación del sistema nervioso simpático que conduce de forma involuntaria al cuerpo a adoptar una postura defensiva. A veces esas molestias musculares son muy intensas en la zona mandibular —trastorno de la ATM, articulación temporo-mandibular—. Se producen debido a un movimiento constante de apretar los dientes —bruxismo—, que acaban desgastándolos y dañando la articulación de la mandíbula. El bruxismo es especialmente intenso durante la noche. Hoy es muy común dormir con aparatos adaptados para este problema.

Psicológico

Se produce un cambio en los patrones de sueño —dedicaremos un apartado a ello—, irritabilidad, tristeza, incapacidad para el disfrute, apatía y abulia. En un estado permanente de alerta surgen fallos de concentración y/o de memoria, etc. La ansiedad permanente es la puerta deslizante hacia la depresión. Muchas depresiones provienen de vivir alerta durante largos periodos de tiempo. La corteza prefrontal es una zona del cerebro que se encarga de la concentración, de la resolución de problemas, de la gestión de impulsos y de la planificación. Cuando el organismo activa el modo miedo o alerta, esa zona se «desactiva», funciona en modo supervivencia. Resulta más complicado discernir con claridad, manejar la situación de forma eficaz o canalizar ciertas emociones intensas.

La memoria es muy sensible a los niveles de cortisol. El hipocampo es la zona del cerebro responsable del aprendizaje y de la memoria, y se ve afectada directamente por cambios en los niveles de cortisol. Seguro que te habrá pasado: llegas a un examen que llevabas más o menos bien preparado pero al que acudes muy nervioso y te quedas en blanco. ¡Pero si te lo habías estudiado! Explicado de forma sencilla: lo que te ha sucedido es que has bloqueado tu hipocampo por culpa de un aumento súbito de cortisol. Esos nervios anticipatorios, cuya fuente es un «y si suspendo, qué va a pasar, no me acuerdo, seguro que me preguntan lo que no me sé…», bloquean el hipocampo y la memoria, provocando que nuestros temores, inicialmente infundados, se hagan realidad.

Conductual

Con altos niveles de cortisol uno tiende al aislamiento, no le apetece ver a sus amigos o familiares. Le cuesta iniciar una conversación y esquiva las actividades habituales. Por otra parte, se muestra inexpresivo en actos sociales, sin ganas de abrirse a otros.

> El estrés fisiológico —eustrés— no es malo ni tóxico, todo lo contrario. Es la respuesta natural que el organismo activa ante una amenaza real o imaginaria, imprescindible para la supervivencia en los momentos de peligro y que nos ayuda a responder de la mejor forma posible ante el desafío. Lo realmente perjudicial sucede cuando, desaparecida o siendo infundada dicha amenaza, la mente y el cuerpo siguen percibiendo la sensación de peligro o miedo.

Mi mente y mi cuerpo no distinguen realidad de ficción

Esta es otra de las principales ideas que quiero compartir en este libro. El cerebro no sabe diferenciar lo que es real de lo que es imaginario. Cada vez que modificamos el estado mental —de forma inconsciente o consciente— se produce un cambio en el organismo tanto molecular como celular y genético. De la misma manera, cuando modificamos el físico, la mente y la emoción lo perciben. He insistido a lo largo de este capítulo en la importancia de tomar conciencia de los pensamientos. Pensar altera nuestro organismo. La mente se va adaptando y reconfigurando dependiendo de factores, circunstancias y vivencias del día a día.

> Un cerebro estresado es la consecuencia de vivir inundados de pensamientos tóxicos.

La mente tiene un extraordinario control e influencia sobre el cuerpo. Los pensamientos influyen de forma directa en la mente y en el organismo. Si cierras los ojos e imaginas a alguien a quien quieres, en un entorno amable, entonces, tu cuerpo segrega oxitocina, dopamina... Incluso puedes llegar a sentir en tu cuerpo un escalofrío, la piel de gallina o un sinfín de signos físicos. Los enamorados —¡haría falta un libro entero sobre esto!— poseen una sensación de bienestar emocional, psicológica y ¡física! fortísima. Si imagino algo que me asusta —un examen, una reunión, la posibilidad de que me echen del trabajo, no tener dinero...—, automáticamente genero hormonas de estrés.

Te doy un ejemplo sencillo. Cierra los ojos y visualiza un limón. Es amarillo, ovalado... Siéntelo en la mano, tócalo bien. Acércalo a la nariz. Coge un cuchillo y pártelo. ¿Qué notas? ¿Has empezado ya a salivar? Corta un trozo y acércatelo a la boca, prueba su sabor, incluso arriésgate y dale un mordisco. Abre los ojos, por supuesto el limón no está ahí, pero tu cuerpo ha reaccionado como si así fuera. La imaginación tiene un poder impresionante sobre la mente.

Los pensamientos ejercen un gran poder sobre tu cerebro y sobre tu cuerpo. Si muestras a la mente constantemente un evento del pasado o un posible suceso negativo del futuro, tu cerebro entiende que es ahí donde quieres asentarte, donde quieres estar enfocado. ¿Qué se produce? Tu atención se queda enganchada, aprisionada en pensamientos tóxicos del pasado o del futuro, es decir, la mente no consigue gestionar y focalizar su atención de forma correcta. Para entendernos de forma más visual, cada vez que pensamos en algo negativo, angustiante o perjudicial, el cerebro recibe una señal para elaborar circuitos neuronales especializados que nos asentarán de forma fija en esas ideas. La mente no distingue lo real de lo imaginario. Veremos más adelante pautas concretas para reeducar los pensamientos y dominar la corriente de ideas negativas que bloquea nuestra mente.

Alimentación, inflamación y cortisol

Algunos dicen que somos lo que comemos. Yo soy más partidaria del «somos lo que sentimos, pensamos y amamos», pero soy consciente de que la alimentación posee un rol fundamental en la salud. Sabemos que algunos alimentos tienen una relación importante con enfermedades graves, como puede ser el cáncer, y, por lo tanto, no es algo que debamos desdeñar. En los últimos años los hábitos de alimentación se han modificado ostensiblemente. En la actualidad, según los datos que manejan los especialistas en nutrición, nuestro organismo ingiere un 30 por 100 más de alimentos proinflamatorios que hace unos años.

Hace tiempo que me dedico a leer sobre este tema. Creo sinceramente que el futuro de la medicina pasa por investigar de forma profunda la inflamación como causa de múltiples dolencias físicas y neuropsiquiátricas.

Las personas con inflamación crónica poseen niveles por debajo de lo recomendable de algunas vitaminas —D, E y C— y de niveles de omega 3. Por otra parte, la inflamación persistente altera la barrera intestinal promoviendo una mayor permeabilidad a ciertas sustancias. Esto termina perjudicando al sistema inmune, pudiendo acabar en molestias y reacciones negativas tras ingerir algunos alimentos.

Los alimentos que activan la inflamación tienen enorme relación con la liberación de insulina por parte del páncreas. Entre estos «sospechosos habituales» nos encontramos el alcohol —sobre todo a dosis altas—, grasas saturadas, bebidas azucaradas y harinas refinadas, especialmente de las empleadas en bollería industrial.

Cuidado con la CRI, la «comida rápida inflamatoria». Según un estudio publicado recientemente en Harvard, las mujeres con alimentación rica en productos inflamatorios —harinas blancas, grasas saturadas y trans, bebidas azucaradas y carnes rojas— tienen un riesgo un 41 por 100 mayor de padecer depresión. Hay que volver a los alimentos que tienen efecto antiinflamatorio como:

— El omega 3 (aparecerá detallado en el capítulo 8).
— Algunas especias como la cúrcuma, que posee un efecto antiinflamatorio potente.
— Los cítricos.
— La vitamina D. Cada vez existen más estudios que asocian depresión con bajos niveles de vitamina D. Suelo analizar los niveles de vitamina D en muchos de mis pacientes y los psiquiatras solemos observar una mejoría en síntomas depresivos tras el tratamiento con vitamina D.
— La cebolla, el puerro, el perejil, el laurel y el romero. De hecho, en algunas lesiones de pie o tobillo, introducir el pie en agua con laurel y romero aporta buenos efectos para disminuir la inflamación.

Recomiendo a mis pacientes, sobre todo cuando hay sintomatología inflamatoria, modificar ciertos aspectos en su dieta. Soy prudente porque hoy existe mucha divulgación al respecto y en ocasiones uno puede sentirse abrumado al leer e indagar sobre estos temas. En la bibliografía te recomiendo algunos libros que pueden ser de utilidad para profundizar sobre estas cuestiones.

¿Qué rol juega el aparato digestivo en la inflamación?

Hace un par de años me propusieron realizar un estudio sobre los probióticos, la flora intestinal y su relación directa con el estado emocional o mental. Recabé mucha información al respecto, revisando artículos y publicaciones sobre el tema. Es un campo apasionante y con mucho futuro y en los últimos años se han multiplicado los estudios al respecto.

Impera una conexión importante del cerebro con el intestino. El tubo digestivo, que abarca desde el esófago hasta el ano, está tapizado por más de cien millones de células nerviosas —¡esto es equivalente a todo lo existente en el sistema nervioso central-cerebro, cerebelo-tronco...!—. Por otra parte, dentro del tubo digestivo contamos con más de cien billones de microorganismos. Poseen una función importante en el procesamiento de los nutrientes y alimentos y liberan gran cantidad de moléculas al intestino. Estas pueden llegar a influir en el organismo de forma esencial.

Estas investigaciones son recientes y en muchos aspectos están todavía en pañales, pero los primeros estudios publicados al respecto en experimentos con ratones muestran que la carencia de flora bacteriana tiene una repercusión importante en el organismo, incluido el cerebro. Se está prestando especial atención a la relación causa-efecto entre ciertos cambios bruscos en la flora bacteriana y simultáneas alteraciones del estado de ánimo o la conducta del paciente.

Las teorías son diversas. Una revisión publicada en el 2015 —Kelly *et al.*— sugiere que los déficits en la permeabilidad del intestino pueden ser la causa de la inflamación que aparece en los trastornos del ánimo. Por otro lado, se postula que algunos microorganismos segregan sustancias que desempeñan la labor de neurotransmisores en el cerebro. Finalmente, algunos especulan con que algunas de las sustancias producidas por esos microorganismos del tubo digestivo afectan directamente al sistema inmune o al sistema nervioso. En pleno siglo XXI, los avances en investigación son numerosos y cada vez van surgiendo más especialistas que pueden ayudar y paliar mucha sintomatología desde el intestino.

La microbiota posee un papel fundamental en la regulación de la permeabilidad intestinal y en el componente inflamatorio de la depresión.

La serotonina, hormona de la felicidad y del bienestar, del apetito, de la libido y de múltiples funciones de la mente y del cuerpo, es la responsable de los estados de ansiedad y depresión.

Sería un error reducir la depresión a los niveles de serotonina cerebrales. Aproximadamente el 90 por 100 de la serotonina del cuerpo se produce en el intestino, el resto por el cerebro.

Cada vez existen más investigaciones sobre los probióticos y el estado de ánimo. En diciembre de 2017, fue publicado un estudio en la revista *Brain, Behavior and Inmunity* sobre cómo los probióticos contrarrestan tendencias depresivas. En la Universidad de Aarhus, los investigadores resaltaron los beneficios de los probióticos no solo en la salud intestinal, sino en el estado de ánimo.

Hace unos meses salía publicado un estudio liderado por la doctora Nicola Lopizzo que relaciona la enfermedad de Alzheimer con la inflamación y la microbiota. Observó que estas personas enfermas poseen una microbiota diferente a los sujetos sanos que participaron en el estudio. Hoy en día se postula que la inflamación tiene un rol clave en el desarrollo y evolución de la enfermedad de Alzheimer. Se cree que esta inflamación puede estar influida por la microbiota. Todo esto es un campo apasionante que nos empuja a seguir investigando en esta dirección.

En los últimos años se han publicado múltiples artículos sobre los probióticos. Me interesa enormemente este campo, ya que considero que gran parte de la medicina del futuro va a tener como protagonista a la microbiota y el estudio de las heces va a estar muy presente en los diagnósticos de enfermedades de distinta índole. Hoy en día se está investigando la relación de la microbiota con numerosas dolencias y síntomas, desde enfermedades neurológicas hasta psiquiátricas, autoinmunes, dermatológicas... Mi experiencia me ha mostrado cambios y mejorías a veces sorprendentes al iniciar un tratamiento integral que incluya el estudio de heces y el tratamiento con probióticos.

Existe gran variedad de información, pero si estás interesado en profundizar te recomiendo la lectura de *El revolucionario mundo de los probióticos,* de la doctora Olalla Otero.

¿Podemos considerar la depresión una enfermedad inflamatoria del cerebro?

Tras todo lo que hemos leído ¡y comprendido! hasta ahora, sabemos que existe una relación importante entre la inflamación, especialmente la crónica, y las enfermedades. Pero ¿qué sucede con la depresión? ¿Qué papel juega la inflamación en los procesos depresivos?

En los últimos años se han alzado varias voces desde el mundo de la ciencia para explicar estas relaciones, lo que me resulta apasionante. En febrero del 2018, el equipo del doctor Meyer publicó en la prestigiosa revista *Lancet* la primera evidencia científica del rol de la inflamación en la depresión. Constató tras analizar exhaustivamente imágenes —con técnica de emisión de positrones, PET, por sus siglas en inglés—, que personas que habían sufrido años de depresión mostraban alteraciones en el cerebro, con un incremento en las células inflamatorias, es decir, un exceso en la respuesta inmunitaria.

Por otra parte, se ha observado que tras administrar algunos fármacos inmunomoduladores, como puede ser el interferón α (INF-α) para el tratamiento de la esclerosis múltiple, el melanoma, la hepatitis C y otras enfermedades, muchas de esas personas presentaban sintomatología depresiva de forma comórbida.

¿Qué sucede con los niños que sufren violencia, traumas, heridas severas y *bullying*?

Estudios recientes (Cattaneo, 2015) sugieren que el estrés en la infancia —*bullying*, separación de los padres, abuso físico o psicológico…— provoca procesos inflamatorios que pueden hacer a los niños más vulnerables a sufrir trastornos del ánimo, mayor vulnerabilidad e incluso provocar depresión en la edad adulta. Actualmente esto se puede «medir» en sangre. No olvidemos que uno de los principales problemas en el diagnóstico y tratamiento de la depresión es la falta de marcadores que permitan afrontarla de forma más personalizada y específica. Uno de los parámetros más fiables en este aspecto es la proteína C reactiva en sangre.

La proteína C reactiva (PCR) elevada en sangre está relacionada con falta de energía, alteraciones del sueño y del apetito.

Es razonable que a los pacientes que no respondan a los antidepresivos conocidos se les planteen otras alternativas. Una solución puede residir en medir los niveles de marcadores inflamatorios como son la IL-6, el TNF-alfa, la PCR, el BDNF, NGF-beta, TGF-beta —proteína C reactiva—. Se sabe que pueden resultar marcadores fiables en el diagnóstico y seguimiento de la depresión: las personas con depresión poseen la proteína C reactiva casi un 50 por 100 más elevada que el resto.

La inflamación crónica sostenida de bajo grado tiene un papel fundamental en la posibilidad de desarrollar depresión y psicosis.

En octubre de 2016 fue publicado un artículo en la revista *Molecular Psychiatry* por el doctor Golam Khandaker del Departamento de Psiquiatría de la Universidad de Cambridge. Dicho artículo estudiaba los efectos de la aplicación de antiinflamatorios sobre la depresión. Se emplearon fármacos anticitoquinas —antimoléculas inflamatorias— para tratar enfermedades inflamatorias autoinmunes. Al recoger los resultados y analizar los efectos secundarios, advirtieron, ¡con sorpresa!, que existía una mejoría de los síntomas depresivos.

Los tratamientos farmacológicos están lejos de ser infalibles: un tercio de los pacientes no responden a los antidepresivos que están en el mercado. Ante ese vacío la inflamación parece un elemento esencial en muchas personas que sufren de depresión. Quizá en un futuro no muy lejano sea posible asociar fármacos antiinflamatorios[1] a los pacientes resistentes al tratamiento convencional de la depresión. Estaríamos hablando de

[1] No se trata de los fármacos antiinflamatorios al uso que conocemos como el ibuprofeno, pero son similares, aunque enfocados en dar con las dianas bioquímicas de los procesos inflamatorios de la depresión.

antiinflamatorios biológicos, similares a los que se usan en las enfermedades autoinmunes —anticuerpos monoclonales anticitoquinas—.

> Alrededor de un tercio de los pacientes que no responden a los antidepresivos convencionales muestran evidencia clara de inflamación.

A modo resumen:

— La depresión va unida a una inflamación crónica de bajo grado asociada a una activación del sistema inmune (por causa de citoquinas y otras sustancias).
— La depresión se presenta con frecuencia en las enfermedades inflamatorias autoinmunes, cardiovasculares y en el cáncer.
— La administración de algunos fármacos inmunomoduladores produce sintomatología depresiva.
— Las personas que sufren de diabetes tienen un riesgo dos veces mayor de sufrir depresión.
— Hoy sabemos que el estrés, el tabaco, las alteraciones digestivas y los niveles bajos de vitamina D van acompañados de una respuesta inflamatoria. La inflamación no solo fomenta el inicio de la depresión, sino que es un factor clave en su respuesta y remisión.
— La inflamación es un proceso esencial en la depresión. Debe ser tenida en cuenta en diferentes momentos: como marcador de la enfermedad pero también como respuesta al tratamiento. Puede ser útil realizar un seguimiento de los niveles de inflamación en el transcurso del tratamiento para observar las posibles resistencias o respuesta al mismo.
— El estudio de la inflamación nos abre un mundo nuevo de posibilidades en el tratamiento de las depresiones resistentes a los tratamientos convencionales.

— Es clave para entender y asociar síntomas y trastornos orgánicos que coexisten (enfermedades cardiovasculares-depresión, ansiedad crónica-trastornos endocrinos, etc.).
— Cuando enfermamos, generamos sustancias que avisan al cuerpo de que algo no funciona: las famosas citoquinas. En la depresión los niveles de citoquinas se elevan de forma importante. En otras enfermedades mentales, como puede ser el trastorno bipolar, sabemos que en las fases de remisión los niveles de citoquinas se estabilizan.

4
Ni lo que pasó ni lo que vendrá

Superar las heridas del pasado y mirar con ilusión el futuro

Como psiquiatra suelo definir la felicidad como la capacidad de vivir instalado de manera sana en el presente, habiendo superado las heridas del pasado y mirando con ilusión el futuro. Los que viven enganchados en el pasado son los depresivos, neuróticos y resentidos; los que viven angustiados por el futuro son los ansiosos. Depresión y ansiedad son las dos grandes enfermedades del siglo XXI.

> El 90 por 100 de las cosas que nos preocupan nunca jamás suceden, pero el cuerpo y la mente las viven como si fueran reales.

Vivimos constantemente acuciados por cosas que no tienen por qué suceder. ¿Y si no apruebo? ¿Y si me despiden? ¿Y si no me aceptan en la universidad? ¿Y si no llevo a cabo bien este proyecto? ¿Y si no renuevo mi beca? ¿Y si mi pareja me deja? ¿Y si a mi hijo le sucede algo? ¿Y si enfermo? ¿Y si enferman mis padres? Ese «y si...» constante tiene un impacto muy fuerte sobre el cuerpo y la mente. No olvides que solo puedes actuar, sentir y responder en el momento presente. Tienes que responsabilizarte sobre tu actuación, en este instante, sobre tu capacidad de proceder en el hoy y el ahora.

> Si le preguntas a alguien qué le preocupa, te contesta sobre el pasado o sobre el futuro, ¡nos hemos olvidado de vivir en el presente!

Vivir enganchado en el pasado

El pasado aporta una fuente valiosa de información, pero no puede predestinar tu futuro. El hecho de permanecer con la mente anclada en el pasado, de retornar una y otra vez a algo que ya sucedió, puede originar en nosotros efectos perversos que van desde emociones o sensaciones como la melancolía, la frustración, la culpa, la tristeza o el resentimiento hasta la propia depresión.

Todas ellas tienen un componente en común, y es que impiden el disfrute del presente. Al quedarnos estancados en el pasado estamos impedidos para avanzar en la vida.

La culpa

Pocas emociones pueden resultar tan tóxicas y destructivas como la culpa. Consiste en sentir que uno no ha actuado correctamente o que no ha cumplido con las expectativas que había generado, decepcionando así a otras personas —¡o a uno mismo!—.

El origen de la culpa puede tener causas diversas: el nivel de exigencia —o autoexigencia—, la educación de los padres, los tabús exigidos, el colegio, la relación con los compañeros, temas sexuales mal formados o instruidos en la infancia-adolescencia o interpretaciones incorrectas o extremas de la religión. De hecho la culpa tiene varios focos:

— Puede originarse dentro de ti. En este caso traes a tu mente siempre un fallo o una decepción. Tu punto de mira está en ti, en tus limitaciones o en tus errores. Te tratas con desprecio, con una dureza terrible que te impide avanzar y ver lo positivo.
— Puede surgir del exterior. Cuando tu entorno te recuerda o te apunta con el «dedo acusador»: en la infancia, «debería darte vergüenza...», «si haces eso, pones triste a papá...»; o en la edad adulta, «deberías haber estudiado Económicas», «no tendrías que haberte casado con...», «no deberías haber entrado en ese negocio», «tendrías que haberlo visto venir...».

¡Cuidado! Tanto las voces interiores como las exteriores pueden resultar igual de perjudiciales para la mente y para el cuerpo.

La culpa hunde; no permite avanzar. Algunos sentimientos de culpa pueden conducir a estados de ánimo severos. Es relativamente frecuente tratar en consulta personalidades muy neuróticas, deprimidas, que se han instalado en un proceso de culpa que no consiguen sanar. Cuando la culpa tenga una base real —¡a veces sí cometemos errores graves!— intenta que ese pasado erróneo sea un impulso para mejorar, para aprender y superar esa caída.

El caso de Catalina

Catalina se casó a los treinta y un años. Ha trabajado toda la vida en una empresa multinacional, viajando por España y Europa. Disfruta con su trabajo y nunca ha sentido instinto maternal.

A los treinta y tres fue madre por primera vez. Tras el parto, durante su baja por maternidad, comenzó a sentir un gran apego hacia su hijo Eduardo. Ella misma se sorprendía leyendo sin parar sobre bebés, lactancia y maternidad. Se dio de alta en varias páginas web para aprender y estar más informada. Acudió a grupos de posparto con otras madres, llevaba a su hijo a masajes y se dedicaba a hablar con otras mujeres sobre la evolución diaria y el desarrollo del pequeño Eduardo.

Pasaron cuatro meses y llegó el día que tocaba volver a trabajar. Ella, que siempre había sido una persona con gran empuje profesional, comenzó con sentimientos de angustia días antes de la incorporación. Al retornar al trabajo era incapaz de desconectar de su casa, activó en su móvil un sistema para ver cómo estaba su bebé a lo largo del día.

Cuando se marchaba de casa, surgía en ella un «sentimiento terrible de culpa» por abandonar a su hijo. Ese pensamiento derivó en un estado de alerta y angustia por el cual no conseguía rendir en el trabajo. En su mente se agolpaban pensamientos de culpa y su único deseo era llegar a casa, abrazar a su hijo y estar con él. Se dio cuenta de que estaba forjando una relación enfermiza madre-hijo. Un par de meses más tarde solicitó la baja por ansiedad.

Cuando la veo en consulta por primera vez me doy cuenta de que ha desarrollado un estado depresivo ansioso derivado de la culpa. Ella nunca imaginó que podría sentir ese instinto —¡natural por otro lado, pero anulado en ella tantos años...!— y ahora mismo, cada vez que le surge la idea de trabajar, miles de pensamientos tóxicos se agolpan en su cabeza, juzgándose y criticando el hecho de abandonar a su hijo.

Empezamos una terapia para ver exactamente el nivel de angustia que presenta. Por otro lado, entramos a desmenuzar su interior, su bloqueo y ansiedad derivados de la culpa. Nos damos cuenta de que proviene de una familia donde su madre siempre trabajó —estaban separados y el padre vivía lejos— y nunca ha tenido una relación excesivamente cercana con ella. Ella explica:

—Mi madre se pasaba el día trabajando fuera, nos dejaba en casa de una vecina con la que hacíamos los deberes y jugábamos con sus hijos. Pocas veces me ha dado un beso o me ha dicho que me quiere. Es muy fría, excesivamente práctica y me juzga con mucha dureza cuando hago algo que no está bien.

La terapia duró varios meses, hasta que comenzó a aceptar los sentimientos de apego que estaban inhibidos en ella. Aprendió a entender a su madre, las circunstancias que rodearon su infancia y a quererla de la manera que es. Hoy trabaja, con reducción de jornada, y está ilusionada esperando su segundo hijo.

CÓMO APACIGUAR EL SENTIMIENTO DE CULPA

— Fíjate y toma nota de las principales culpas que te asaltan la mente a lo largo del día. Observa cuáles son los sucesos de tu vida que te afectan más. Acepta que quizá te juzgas con demasiada dureza en algunos asuntos.

— Haz una lista de fallos, culpas o faltas que hayas podido cometer a lo largo de la vida y que te hayan marcado de alguna manera. Sin exagerar, no seas excesivamente duro ni excesivamente indulgente, un punto medio. Puntúalas de cero a cinco. Gracias a tus anotaciones te darás cuenta de que puedes acotar de forma precisa tu percepción de culpabilidad.

— Observa ese evento de tu pasado que te atormenta como si estuvieras sentado en el tren, viendo esa escena de tu vida pasar ante ti. Date cuenta de que ya no hay forma de influir en ella. La culpa no ayuda, no te hace crecer. No te quita la pena, la angustia o la desesperanza. No es constructiva. Es solo una emoción tóxica que te impide avanzar y que hay que procesar y destruir.

— Vuelve a tu presente con esta pregunta arriesgada: ¿qué me estoy perdiendo de mi presente por vivir enganchado en la culpa? Te sorprenderás, cosas buenas están sucediendo en tu entorno, ¡seguro!, que no eres capaz de percibir.

— Aprende a quererte. Para estar bien en la vida, lo más necesario es saber estar bien con uno mismo. Las personas que se asientan en la culpa no logran visualizar sus fortalezas y sus talentos. Perciben que todo recae constantemente en ellos por sus limitaciones o defectos (¡su percepción está distorsionada!).

— Cuidado con el victimismo. La culpa es una rampa deslizante que acaba en muchas ocasiones en el victimismo, comportamiento neurótico y tóxico que entorpece tu visión de la vida y tu manera de relacionarte con los demás.

— Busca en ti cosas que te agraden. Existen, pero en ocasiones tu estado de ánimo, tus anclajes en el pasado, te lo impiden ver. Seguro que dentro de ti existen aptitudes que pueden ser un impulso para crecer en positivo, ¡aunque disgusten a otros! Ahí está tu mayor reto: despegarte de la opinión y juicio de los demás.

— Fija tus valores. La culpa conlleva que todo el sistema de valores se tambalee. Uno no sabe qué cree ni por qué cree. ¿Qué rige tu vida? Piensa si no estás siendo muy duro contigo mismo por algo impuesto desde fuera o por exigencias de las que te has ido cargando a lo largo de la vida.

La depresión

La depresión es la enfermedad de nuestro tiempo. Realmente resulta más correcto hablar de depresiones en plural, ya que existen múltiples tipos que pueden llegar a aflorar en la realidad clínica. Las depresiones constituyen en la actualidad una de las grandes epidemias de la sociedad moderna. En España existen en torno a los dos millones y medio de personas que la padecen.

Es una enfermedad y como tal tiene unas causas, unos síntomas, un pronóstico, un tratamiento y, en algunos casos, una posible prevención. Existen dos tipos: las depresiones endógenas y las exógenas. Entre ellas cabe un espectro intermedio, las formas mixtas. Por otra parte, existen depresiones reactivas. Son debidas a motivos de la vida misma.

Hoy en día se cree que todo ello está más entremezclado de lo que se suponía hace unos años. Existen varios circuitos neuronales implicados en la depresión, los más estudiados son los monoaminérgicos —serotonina, dopamina y noradrenalina—; pero no está demostrado que ninguno de estos circuitos posea una degeneración o disfunción clara responsable de la sintomatología —como sucede en la enfermedad de Alzheimer, Parkinson u otras enfermedades neurológicas—.

Algunos postulan hoy que la hipótesis neurobiológica de la depresión tiene relación con la neuroplasticidad en los circuitos encargados de las funciones emocionales y cognitivas. Es decir, hablaríamos más de un trastorno en los circuitos que en los propios transmisores en sí.

La depresión es la enfermedad de la tristeza. En ella pueden converger una infinidad de síntomas negativos: pena, abatimiento, apatía, desgana, desilusión, falta de ganas de vivir, abulia y anergia —falta energía para realizar cualquier actividad—, ideación suicida, problemas de sueño y de atención y concentración.

La depresión deja sin energías, sin ganas de hacer nada. Sus síntomas son muy variados y oscilan entre lo físico —dolores de cabeza, opresión precordial o molestias difusas desparramadas por toda la geografía corporal—, psicológicos —lo más importante es el bajón anímico, aunque también es frecuente la falta de visión de futuro, ya que todo se vuelve negativo aderezado por sentimientos de culpa—, de conducta —paralización y bloqueo del comportamiento, aislamiento—, cognitivos —fallos de concentración y de memoria; ideas y pensamientos sombríos—, que deforman la percepción de la realidad en nuestra contra, y sociales —también se les llama asertivos: se desdibujan y pierden las habilidades sociales y el trato y la comunicación interpersonal se tornan torpes y distantes—. La sintomatología de la depresión puede ser en muchas ocasiones inespecífica y manifestarse en forma de trastornos somáticos; según algunos estudios en torno al 60 por

100 del motivo primario de consulta puede ser por esta causas físicas.

El que no ha tenido una auténtica depresión clínica no sabe lo que es la tristeza. El sufrimiento de la depresión puede llegar a ser tan profundo que solo se vea como salida de ese túnel el suicidio.

Nadie está a salvo de padecer una depresión. Es cierto que existen factores de riesgo —familiares, genéticos, socioeconómicos...—, pero las consultas están llenas de personas de todo tipo que atraviesan el túnel oscuro de la depresión. Escritores, deportistas, músicos, actrices, cantantes, políticos, grandes empresarios y hombres de éxito... Muchos han reconocido haber sufrido depresión o haber estado en tratamiento.

PERSONAJES QUE HAN SUFRIDO DEPRESIÓN

Vincent van Gogh. Genio de la pintura, fue ingresado en un hospital psiquiátrico; desgraciadamente para él y para la historia del arte empeoró hasta el punto de suicidarse. El pintor holandés del pelo rojo y la oreja mutilada sentía que su tormentosa vida carecía de sentido, profesionalmente se consideraba un fracasado y de hecho tan solo vendió un cuadro en vida. Acabó dejándose llevar; sus últimas palabras fueron: «La tristeza durará para siempre».

Miguel Ángel Buonarroti. En el caso del —en opinión de muchos— mejor escultor de la historia, su depresión se origina por lo que hoy denominaríamos un trastorno dismórfico corporal, es decir, la obsesión por una zona del cuerpo que nos desagrada.

Cuentan que Miguel Ángel tenía un aspecto no muy favorecido, caracterizado por una nariz desfigurada por una agresión de uno de sus muchos envidiosos enemigos, Pietro Torrigiano, escultor de gran temperamento. Este colaboraba en la corte de Lorenzo de Medici, quien tenía gran admiración por Miguel Ángel. Un día, en un ataque de celos o envidia, le rompió la nariz. Esto provocó en Miguel Ángel un trauma, por el cual se aisló y evitó la compañía durante muchos años. Su buen amigo, el poeta Poliziano, fue un excelente apoyo terapéutico para esa etapa de su vida.

Ernest Hemingway. Sufrió una depresión grave al final de su vida. Sentía una profunda tristeza y desilusión. Para intentar curarla recibió varias sesiones de electrochoque, tratamiento entonces poco desarrollado y rudimentario, lo que provocaba efectos graves y perjudiciales en los pacientes. Ernest perdió la memoria y su cognición se vio profundamente afectada. Cuando recibió el Premio Nobel en el año 1954 por toda su carrera, sus palabras fueron:

—Escribir al mejor nivel conlleva una vida solitaria. Las organizaciones para escritores son un paliativo para la soledad del escritor, pero dudo que mejoren sus escritos.

Su padre se había suicidado en 1928. Al enterarse sus palabras fueron:

—Probablemente voy a ir de la misma manera.

Efectivamente, unos años más tarde, en 1961, cumplió su profecía.

Las depresiones en los niños traducen un comportamiento y sintomatología diferente. Se externalizan y muestran a través de su conducta. El niño de diez a doce años no posee todavía un vocabulario afectivo suficientemente rico y no sabe expresar verbalmente lo que siente. Es por ello que para descubrir una posible depresión en niños debemos estar atentos e interpretar con acierto sus cambios de conducta: deja de jugar, habla poco, está ensimismado, se aburre, llora con frecuencia, no se concentra y cae en el fracaso escolar. Los padres deben ser capaces de bucear en esos niños apagados que flotan a la deriva, pierden la ilusión o cambian su forma de ser.

Hoy, afortunadamente, contamos con mejorías ostensibles en el tratamiento de la depresión[1] a todos los niveles. Es cierto que los avances no ocurren tan rápido como se desearía, y que todos conocemos o hemos oído hablar de alguien que «lleva toda la vida medicado». Atajar los síntomas desde el principio y encontrar el

[1] Para más información recomiendo el libro *Adiós, depresión*, E. Rojas, Temas de Hoy, 2006.

tratamiento adecuado favorecen la probabilidad de curación. Muchas depresiones provienen de estados de ansiedad permanentes —esto lo desarrollaré a continuación— y por tanto el tratamiento debe ir orientado a trabajar las bases del cuadro anímico, la gestión del estrés y las emociones, y el trasfondo de personalidad.

Un ejemplo para la terapia

En consulta, tiendo a trabajar en forma de esquema. Intento, de forma sencilla, dibujar un modelo de la personalidad del paciente plasmando su forma de ser, su gestión del estrés y sus síntomas psicológicos para que esa persona entienda lo que le sucede y pueda trabajar sobre ello. Veamos un ejemplo.

El caso de Alejandra

Alejandra acude a la consulta por depresión, ataques de pánico y migrañas recurrentes. Lleva cinco años en tratamiento farmacológico con periodos de mejoría que duran pocas semanas. Al analizar su personalidad a fondo encontramos una mujer con rasgos de personalidad evitativos —timidez exagerada—, que tiende a darle muchas vueltas a las cosas y con gran hipersensibilidad. Estudiamos lo que para ella significan sus momentos de estrés —la relación con otros, trabajar de cara al público y ver a su expareja, con quien tiene una relación complicada—; y, por otra parte, la llegada del final de mes debido a que siempre llega con problemas económicos.

En este caso no se trata únicamente de dar una medicación para la tristeza o los ataques de pánico, sino en trabajar en la causa —personalidad evitativa—, en la gestión del estrés —para esta persona trabajar con público y los actos sociales son un factor de tensión importante—, en los síntomas de ansiedad que percibe —manejo de esta con conocimiento y técnicas de relajación— y luego la depresión —si precisa medicación, que a veces no es necesario—.

En mi experiencia en consulta, trabajando con este formato, el paciente entiende mucho mejor lo que le sucede y sabe exactamente cómo está trabajando su interior y qué diana terapéutica posee la medicación administrada.

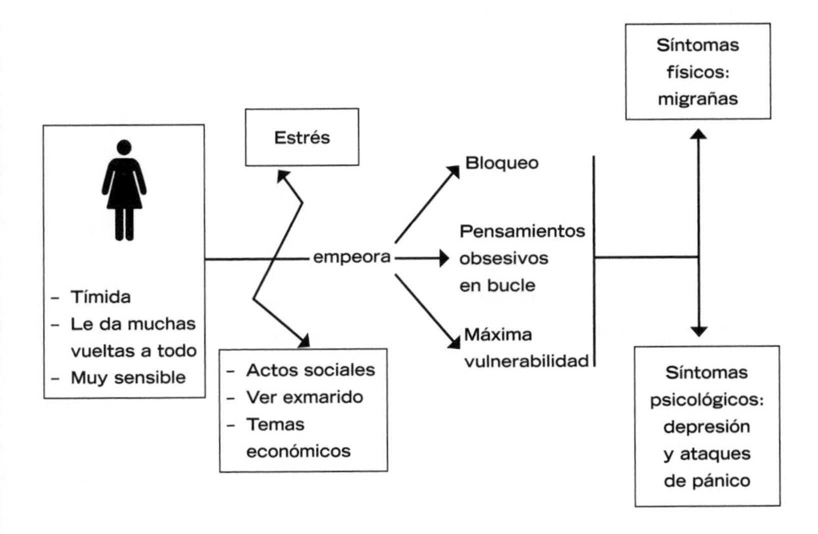

El perdón

El perdón es un acto de amor, una actitud superior ante los demás y ante la vida. Perdonar es dar un bien tras recibir un daño. Es una forma especial de entrega y eleva al ser humano.

No soy una ingenua, no ignoro la dificultad de perdonar determinadas conductas. No es lo mismo excusar tras ser herido de forma insignificante que hacerlo tras sufrir de forma importante y realmente dañina. El desprecio, la agresión injustificada, la humillación, la traición, la infidelidad marital o la crítica contumaz pueden generar niveles de sufrimiento tales que resulte muy difícil, por no decir casi imposible, su superación.

En Camboya escuché las historias más aterradoras y escalofriantes de mi vida. Anotaba en libretas lo que llegaba a mis oídos y en alguna ocasión, al releerlas, he acabado con lágrimas en los ojos. Quería ayudar a aquellas niñas prostituidas que habían padecido cruelmente, pero no sabía cómo encontrar una salida a su sufrimiento. Desde siempre he pensado que los psiquiatras y psicólogos ayudamos a la gente que sufre, herida o bloqueada a encontrar una salida; pero en Camboya no sabía desde dónde articular «la terapia».

Un día conocí a Mey, ella me dio una solución.

Conocí a Mey en un día plomizo y caluroso de agosto. Somaly[2] me había hablado de una casa en los montes de Camboya que albergaba un centro para chicas muy jóvenes. Al llegar al centro lo que observé se quedó plasmado en mi retina. Las niñas vestían igual —para no marcar diferencias—: una camisa y pantalón de tipo floral-hawaiano. Somaly se dirigía a ellas sentándose en el centro de la estancia. Había llegado su *maman* y las niñas acudieron raudas a abrazarla. En algunas miradas se percibía una tristeza profunda, ojos perdidos en un pasado doloroso y cruel. Las más pequeñas de cinco o seis años revoloteaban y bailaban alrededor de ella. Otras, sentadas en las esquinas, se mantenían inmóviles. Somaly, con su voz dulce, comenzó a contarles una historia en jemer, su lengua. Poco a poco, las niñas más rezagadas se iban acercando sentándose alrededor de ella; los semblantes cambiaban y se tornaban en caras menos tensas y frías.

Mientras observaba la escena, una niña risueña con cara de pilla se acercó a mí. Me presenté en mi jemer rudimentario y básico, pero suficiente para entablar una conversación simple. Se llamaba Mey, tenía trece años y llevaba pocos meses en el centro. Al ver mis problemas con el idioma me sonrió muy divertida y me dedicó unas palabras en inglés. Estaba claro que iba a ser más sencillo comunicarse en su inglés que con «mi jemer». Tras una breve conversación le pregunté si era feliz. Me contestó fijamente:

---

[2] Somaly Mam es una activista camboyana con la que colaboré en Camboya. En el capítulo 5 describo como llegué a conocerla.

—Ahora sí. Quiero ser periodista para escribir cuentos para niños para que sus madres se los lean. Los cuentos tienen que tratar de cómo los padres quieren y cuidan a sus hijos y no los venden para la prostitución.

Mey había tocado la fibra de la prostitución sin miedo, sin pestañear. Un sudor frío recorrió mi espalda. Tras unos segundos de silencio, recuperé mis fuerzas y pregunté:

—¿Te vendieron?

—Sí, mi abuela, y nunca lo entenderé.

Silencio… Levantó la mirada y continuó:

—No tengo padres. Mis recuerdos empiezan con mi abuela, con la que yo vivía. Hace un año me llevaron a la casa de un empresario extranjero mayor. Éramos muchas chicas en la casa, algunas cocinaban, otras limpiaban… Un día me llamó a su habitación, me quitó la ropa y me hizo cosas horribles que yo no sabía que existían. Yo solo gritaba pero nadie podía escucharme…

La abracé para intentar consolarla ante semejante evocación, pero ella no traslucía dolor alguno, parecía recordarlo desde la distancia. Prosiguió:

—Esto se repitió otros días, hasta que me di cuenta de que no podía aguantar más. Decidí escaparme y una noche salté la verja y me fui. No sabía dónde ir, no tenía sitio al que volver. Recordé que hacía tiempo había conocido a un señor de la India que nos traía arroz al barrio cuando no teníamos comida. Era un hombre bueno. Me fui a la casa donde vivía. Era un misionero. Yo nunca había oído hablar de *christians*. Él me habló de su Dios y de cómo murió en una cruz. Yo no he sido educada en ninguna religión, pero me interesó su historia y pregunté: «¿Cómo lo superó?». Su respuesta fue: «Les perdonó». Comencé a acudir por las mañanas a la pequeña capilla cercana, y hablaba con ese hombre puesto en una cruz de madera, le pedía que me ayudara a perdonar para librarme de la angustia y de la rabia. Un día, mientras estaba sentada en el suelo me di cuenta de que ya no sentía odio ni enfado. He perdonado al extranjero. Desde ese día mi vida ha cambiado.

Empiezo a vislumbrar, emocionada, una solución viable a tanto dolor. Continuó:

—El misionero se estuvo informando sobre cuál era el mejor lugar para llevarme. Finalmente decidimos denunciarlo a la Policía, que fue la que me trajo aquí. Días después conocí a Somaly. Ahora soy feliz. Tengo una madre y muchas hermanas. Es fundamental superar el dolor tan inmenso a través del perdón. No existe otra manera para alcanzar la paz. Yo lo intento con mis hermanas —*sisters*: como se llaman entre ellas en el centro—. Las quiero, las escucho... Soy muy afortunada. Soy muy feliz.

Hablé con Mey largo y tendido. Me resultaba impresionante cómo el poder del perdón había sanado sus heridas más profundas. A lo largo de las semanas siguientes intenté seguir el «modelo del perdón» que ella me había mostrado.

Me marcó profundamente, estudié, leí todo lo que encontraba sobre la capacidad de perdonar, y fundamenté el proceso en «comprender es aliviar». Esto significa que cuando comprendes o entiendes las razones que impulsan a alguien a herirte —su biografía, su forma de ser, su envidia, sus conflictos internos...— consigues aliviar tu sufrimiento.

En el caso de Mey, ella, rabiosa contra su abuela que la había vendido, me decía:

—Ella, ante la desesperación de no tener nada, buscó una solución fácil, sin maldad, para que mis hermanas tuvieran de qué comer.

Existe gente mala, por supuesto, pero la mayor parte de la gente que te hiere tiene sus razones. A veces ni ellos mismos las conocen, pero si las buscas, si indagas, puede sorprenderte el consuelo que recibes.

El sufrimiento en la vida puede ser realmente doloroso y tormentoso, razón por la cual hay que luchar para superar ese daño. Cuando uno se queda anclado en un odio, cuando uno no es capaz de sanar las ofensas o humillaciones recibidas, puede convertirse en alguien resentido, agrio y neurótico. Para evitar esas consecuencias negativas, incluso en los casos en los que quien provocó el trauma no tiene justificación posible, a la víctima le conviene «egoístamente» perdonar.

> El drama y el trauma que a unos aplasta y destruye, a otros los fortifica y regenera, dotándoles de mayor capacidad de amor.

Un ingrediente tóxico derivado de lo que estamos hablando es el resentimiento —re-sentimiento—: la repetición de un sentimiento —y de un pensamiento— de forma recurrente y perjudicial. Todas las religiones y sistemas éticos tienen en el perdón uno de sus ejes básicos. El budismo lo trata en profundidad; existen lecciones magistrales de Buda sobre la necesidad del ser humano de perdonar. En el judaísmo, el concepto de perdón es fundamental, muy similar al que poseen los cristianos. Para expresar este tema, paso a relatar una historia impresionante.

¿Y si no se puede comprender… de ninguna manera?

Simon Wiesenthal fue un judío austriaco de profesión arquitecto. Tras haber estado internado en cinco campos de concentración durante la Segunda Guerra Mundial, fue liberado de Mauthausen por los americanos en 1944. Una vez recuperado comenzó su tarea, más que conocida, de implacable cazanazis por todo el mundo. Consiguió llevar ante los tribunales a más de mil nazis.

En sus libros, *El girasol* y *Los límites del perdón*[3] relata su historia personal y su idea ante el gran dilema del perdón.

La anécdota que marca sus páginas —¡y su vida!— es la siguiente. Un día, estando en un campo de concentración, una enfermera le pidió que la siguiera. Fue llevado a una habitación donde un joven de las SS, Karl Seidl, moribundo de veintiún años, le hizo una petición peculiar. Había recibido una bala mortal y estaba agonizando. Karl, vendado casi totalmente, sin apenas poder hablar, solicitó a la enfermera que le trajera a un judío antes

[3] Recomiendo la lectura de ambos libros para ahondar en el sufrimiento y en el perdón ante situaciones duras.

de morir porque quería hablar con él. Durante las horas que siguieron, Simon se mantuvo al lado del joven quien le iba relatando su vida. Necesitaba expresar quién era, su infancia y cómo había acabado en las juventudes de las SS cometiendo atrocidades. Reveló a Simon, mientras le agarraba fuertemente la mano, una de las mayores brutalidades que había realizado azotando y agrediendo brutalmente a familias judías hasta terminar quemándolas en una casa en Dnipropetrvosk, actual Ucrania. Karl proseguía su relato incidiendo en los aspectos que más dolor le provocaban, entre ellos la mirada de un niño pequeño, que intentaba saltar por la ventana, al que disparó. Durante las horas que permaneció a su lado, Simon no musitó ni una palabra.

Las últimas palabras de Karl fueron:

—Estoy aquí con mi culpabilidad. En las últimas horas de mi vida tú estás aquí conmigo. No sé quién eres, solamente sé que eres judío, y eso es suficiente. Sé que lo que te he contado es terrible. Una y otra vez he anhelado hablar sobre ello con un judío y suplicar su perdón. Sé que lo que estoy pidiendo es demasiado para ti, pero sin tu respuesta no puedo morir en paz[4].

Simon no lo resistió y salió por la puerta. Su libro ahonda esta cuestión: «¿Debería haberle perdonado?... ¿Fue mi silencio al lado del lecho de aquel nazi moribundo arrepentido correcto o incorrecto? Esta es una profunda pregunta moral que desafía la conciencia [...]. El meollo del asunto es la cuestión del perdón. Olvidar es algo de lo que solamente el tiempo se ocupa, pero perdonar es un acto de la voluntad y solamente el que sufre está calificado para tomar la decisión».

La situación que he descrito provocó en Simon un gran dilema moral sobre la culpa, la capacidad de perdonar y el arrepentimiento. En la segunda parte del libro, *Los límites del perdón,* entrevistó a cincuenta y tres pensadores, intelectuales, políticos, líderes religiosos —judíos, cristianos, budistas, testigos de los genocidios de Bosnia, Camboya, Tíbet y China—, sobre qué

[4] *Los límites del perdón,* S. Wiesenthal.

habrían hecho en su lugar. Veintiocho de ellos respondieron que no serían capaces de perdonar, dieciséis hablaron de que sí era posible y nueve no tenían clara su postura. De los que sí apostaban por el perdón, la mayoría eran cristianos y budistas. La posición del dalái lama basándose en el drama del Tíbet, era de apoyo al perdón, pero sin olvidar para que nunca jamás puedan volver a suceder atrocidades semejantes.

Este libro, que no llega a ninguna conclusión en este tema porque en última instancia se trata de un tema de conciencia, representa un clásico sobre el perdón y la reconciliación desde diferentes puntos de vista —tanto religiosos como personales—.

Perdonar no significa aceptar que lo que la otra persona cometió fuera aceptable o comprensible. En ocasiones el crimen es tan atroz e inhumano que no existe forma de descifrar la conducta del otro para que ello produzca un alivio. Pese a todo aun en esos casos el perdón es necesario porque el dolor que genera no merece estar anclado en tu mente. Por culpa de esa herida, de ese veneno, de ese resentimiento, puedes convertirte en alguien amargado, al no ser capaz de soltarlo. Perdonar alivia el dolor causado, evita el resentimiento y, por ello, abre a la víctima las puertas del futuro, que, sin él, estarían inevitablemente cerradas. La capacidad de perdonar es exclusiva de la víctima, no depende del arrepentimiento de quien provocó la ofensa. El perdón libera de cargas y ayuda a seguir adelante aunque la causa sea terrible, aunque el que la provocó no se arrepienta. En mi experiencia clínica, siempre compensa. El perdón es un trampolín, un puente seguro para la liberación del dolor, pero en ocasiones puede resultar imposible.

Perdonar es ir al pasado y volver sano y salvo.

Si no perdonamos, si no somos capaces de purificarnos podemos quedarnos anclados en el rencor, el odio y en la revancha. En la revancha decido que quiero devolver la ofensa al otro, quiero que sufra y que le sucedan cosas negativas. En el rencor, me mantengo herido, apuñalado y no soy capaz de olvidar y superarlo. Si esto nos sucede, seremos incapaces de recuperar la paz y el equilibrio.

¿Cómo perdonar?

— Aceptar lo que ha pasado. No negar la realidad.
— Intentar comprender lo que ha sucedido con perspectiva. A veces somos protagonistas de algo ajeno donde no hemos podido intervenir de ninguna manera. La vida conlleva injusticias y complicaciones que no podemos controlar.
— Intentar alejar la imagen del escenario mental usando, por ejemplo, técnicas como el EMDR. El EMDR, desensibilización y reprocesamiento por los movimientos oculares *(Eye Movement Desensibilization and Reprocessing)*, fue descubierto por Francine Shapiro en 1987. Es un abordaje psicoterapeútico y una técnica empleada para trabajar el trastorno de estrés postraumático. Integra elementos de diferentes enfoques psicológicos. Usa la estimulación bilateral, mediante movimientos oculares, sonidos o *tapping* (golpecitos) por los que se estimula un hemisferio cerebral cada vez. El EMDR presenta múltiples estudios de validación científica. Es útil para pacientes con traumas severos (muertes, atentados, abusos psicológicos o físicos) u otros eventos difíciles que han bloqueado al paciente por alguna u otra razón. Lo empleé en Camboya con resultados muy satisfactorios.
— Trabajar el nivel de autoestima. La capacidad de perdonar, de sobreponerse a la rabia, a la sed de venganza o a la autocompasión es propia de las personas que poseen fortaleza interior. Si ante un acto grave quien lo sufre es capaz de sobreponerse y perdonar, está haciendo una exhibición de seguridad en sí mismo propia de alguien con autoestima sana.
— Ser optimista. A veces requiere tiempo, pero el simple hecho de saber que se puede crecer ante el dolor, la espe-

ranza de superarlo, puede resultar un bálsamo para aliviar las heridas.

— Evitar anularnos con sentimientos de culpa. ¡Cuidado con convertirnos en víctimas! Hay personas que ante una fatalidad se encierran en sí mismas y evitan progresar. Acudir a hechos pasados para autojustificarnos una y otra vez nos acaba enquistando, deteniendo nuestra trayectoria vital.
— Mirar hacia adelante.
— A perdonar se aprende cuando a uno le han tenido que perdonar. Es un ejercicio sano rebuscar en nuestro pasado reciente, en nuestra propia vida, el perdón de otros.
— Ver a la otra persona como digna de compasión. Decía Juan Pablo II: «No hay justicia sin perdón, no hay perdón sin misericordia». Hay que tratar de sustituir lo negativo por sentimientos poderosos como la compasión y la misericordia.

¿Qué es la compasión?

La empatía es sentir lo que siente otro, ponerse en el lugar de otra persona. La compasión —literalmente «sufrir juntos»— es una capacidad que eleva a quien la ejercita. No solo entiendes el dolor que atraviesa el prójimo, sino que conectas con su sufrimiento, intentando emplear todas tus herramientas personales para ayudarle a salir adelante.

Trabajar la compasión desde el corazón tiene efectos maravillosos en la mente, en el cuerpo y en la relación con los demás. Es una manera de liberarse de la rabia y del odio, aportando paz y equilibrio. Obviamente la capacidad de empatizar es distinta en cada individuo, pero puede trabajarse, lo que nos ayudará en nuestras relaciones personales y profesionales.

Hoy existe un miedo enorme a sentir el dolor de otros, a acercarse al sufrimiento ajeno debido a que eso nos quita el placer de nuestro día porque:

— Nos sentimos vulnerables. Al sentir de cerca emociones de otros podemos reabrir heridas de nuestra propia vida.
— No somos capaces de ayudar y surge la frustración de sentir que no se es útil.
— Nos angustia sentir demasiado y «llevarnos el problema a casa». Esto sucede en ocasiones en las terapias o en casos de personas muy sensibles; el dolor escuchado es tal, que uno sale excesivamente removido. Por lo tanto es muy necesario conocerse y saber hasta qué punto podemos «entregarnos» a los demás sin medida.

Vivir angustiado por el futuro. El miedo y la ansiedad

El caso de John

John, varón de treinta y cinco años, estaba trabajando en las Torres Gemelas el día 11 de septiembre del 2001. Se encontraba en la «segunda torre». Bajó las escaleras a la velocidad del rayo, consiguió salir del edificio y permaneció varias horas entre los escombros. Al darse cuenta de que había resistido a un ataque terrible, buscó a otros supervivientes entre las ruinas. Sentía la muerte de cerca mientras gritaba desesperado buscando restos de vida entre los cadáveres que le rodeaban.

Varios de sus compañeros fallecieron ese día. Meses después no era capaz de estar a oscuras, tenía pesadillas recurrentes en las que se levantaba sudando y chillando. No fue capaz de subirse a un avión hasta muchos años después. Su mente se bloqueaba con facilidad, y su cuerpo se tensaba con pequeños sonidos, imágenes o recuerdos de aquel día. John precisó terapia durante años para superar su angustia, su trauma y su miedo atroz.

Empecemos por el principio: el miedo nos acompaña desde el nacimiento. Es una realidad que ha existido siempre. Sin miedo seríamos criaturas insensatas e imprudentes. La manera en que gestionamos esa emoción nos define en nuestro desarrollo como personas. El miedo, en principio un mecanismo primario de defensa, se puede convertir en nuestro gran enemigo y perturbar nuestra percepción de la vida. Tito Livio expresaba al tratar sobre este asunto: «El miedo siempre está dispuesto a ver las cosas peor de lo que son».

El temeroso percibe su entorno como algo hostil, que le altera y le convierte en un ser vulnerable a todo y no debemos olvidar que los grandes desafíos poseen un componente de incertidumbre ya que nada grande comienza sin un poco de miedo.

> No es cuestión de eliminar el miedo, sino de saber que existe y aprender a gestionarlo de forma correcta.

El miedo es una emoción clave y fundamental en nuestro equilibrio interior y en nuestra supervivencia. Uno precisa tener miedo a ciertas cosas para no lanzarse a todo tipo de periplos y aventuras sin medida. Cualquier ser humano posee temores en su vida; los valientes y los triunfadores también. La diferencia está en que los que triunfan saben gestionarlo.

La ansiedad, cuando se asienta, tiene un efecto terrible en el organismo. Cualquiera que haya padecido un ataque de ansiedad o de pánico experimenta una realidad pavorosa. Aunque uno sea consciente de que no va a morir de un infarto, en esos instantes la mente no permite distinguir con claridad. Lo que caracteriza a la ansiedad es el miedo. Un miedo vago y difuso, en ocasiones sin origen claro, que deriva en angustia y en bloqueo emocional.

> La valentía no es ausencia de miedo, sino capacidad de prosperar y avanzar pese a este.

La gestión de las emociones es básica para el equilibrio personal. A veces el miedo es tan intenso que realiza un «golpe de Estado», toma el control de nuestra mente y pasa a monopolizar nuestro comportamiento. En esos casos la vulnerabilidad de la persona que lo padece es grande y cualquier estímulo exterior, por pequeño que sea, puede provocar una reacción desproporcionada que altere química y fisiológicamente el organismo. Es en ese ecosistema en el que surge la ansiedad, el miedo patológico que nos bloquea e impide hacer una vida normal.

¿Cómo funciona el cerebro ante el miedo? ¿Qué sucede exactamente en la ansiedad?

El centro del miedo se encuentra en la amígdala cerebral, localización físicamente pequeña, pero muy relevante en nuestra vida y comportamiento. La amígdala, según estudios recientes, está activa en la gestante desde el final del embarazo. Tiene una gran capacidad para almacenar recuerdos emotivos y reacciona dependiendo de las emociones que surgen. Procesa la información relativa a las emociones y avisa al cerebro y al organismo del peligro, de que algo no va bien, activando la respuesta o reacción de miedo o ansiedad. El hipocampo —fundamental en la memoria y el aprendizaje— codifica sucesos amenazantes o traumáticos en forma de recuerdos.

UN CASO REAL DE MI PROPIA VIDA

Estaba estudiando primero de Medicina. En época de exámenes, muchos acudíamos a la biblioteca de la Universidad Autónoma en Madrid porque no cerraba por la noche y había buen ambiente de estudio. Tenía examen de Física Médica al día siguiente, 13 de junio. Recuerdo la fecha ya que ese día es mi santo e iba a celebrarlo por la tarde.

Había quedado en la biblioteca con dos amigos que estudiaban Ingeniería para que me explicaran mejor algunos conceptos que me costaba entender. Salí en torno a la una menos cuarto de la madrugada de la biblioteca, cogí el coche y volví al centro de Madrid.

Circulaba por una vía de doble carril, bien iluminada. No iba especialmente rápido pero, de repente, en una curva vislumbré un coche que se dirigía en dirección contraria hacia mí. Tengo grabados en mi retina los faros del coche a pocos metros de distancia; pegué un volantazo y lo esquivé. Me latía el corazón a mil, me temblaba el cuerpo. Me paré en el arcén a pocos metros y me eché a llorar. De repente escuché un golpe seco, terrible. Miré hacia atrás pero no alcanzaba a ver nada.

Llegué a mi casa aterrorizada y desperté a mis padres. No podía dejar de llorar. Rezaba agradeciendo a Dios estar viva, pero no conseguía relajarme. Puse la radio para ver si se me pasaba esa sensación de pánico que seguía reinando en mi mente. Al cabo de unos minutos escuché: «Accidente en la carretera de Colmenar. Kamikaze colisiona contra dos coches. Hay cuatro fallecidos». Esa noche me marcó profundamente.

No dormí ni un instante. Al día siguiente por la mañana, mi examen fue un auténtico desastre. Durante la tarde me dediqué a visitar amigos y familiares. Estaba consternada. Incluso semanas después si escuchaba un frenazo en la calle o un sonido de motor más alto de lo normal, todo mi cuerpo volvía a resentirse, con taquicardias, temblores y angustia. Tardé varios meses en superarlo. Todas las semanas recorría exactamente el mismo trayecto: no quería bloquearme y no ser capaz de volver a enfrentarme al coche, o evitar ciertas vías. Hoy en día este suceso está completamente superado, pero este hecho me ayudó mucho a entender los bloqueos por miedo o ansiedad.

Otra escena para ejemplificar este circuito.

El caso de Blanca

Blanca fue una noche a recoger su coche a un aparcamiento subterráneo. Solía ir en autobús, pero ese día había tenido que hacer varios recados antes de entrar a trabajar y dejó el automóvil en un parquin cercano. Al llegar, observó que estaba poco iluminado, vacío, sin seguridad ni control. Llegaba muy cansada, había tenido un día difícil, con varios conflictos, y se encontraba exhausta y sin fuerzas.

> Acudió apresuradamente a la caja automática para pagar, cuando escuchó un ruido. Un tipo «con mala pinta» se le acercó. Recordó entonces una escena acontecida años atrás, cuando trabajaba en Brasil y le robaron durante la noche. El corazón le latió con fuerza, comenzó a sudar, su mente no conseguía pensar con claridad. Querría estar en el coche. No había nadie más cerca y la angustia la acechaba.

¿Qué había sucedido en la mente de Blanca? La amígdala le había puesto en guardia debido a que el aparcamiento de noche es —en su zona de recuerdos— un lugar de riesgo, y que la persona que acude tras ella también. Ella guarda en su memoria —en el hipocampo— datos de su experiencia negativa en Brasil. A estas ideas «memorizadas» ella añade otra: «No vuelvo a aparcar aquí», «No vuelvo a recoger el coche de noche» o «Si tengo que recoger mi coche, iré acompañada». Recuerdos, ansiedad, memoria, activación física, todo ello unido; hipocampo y amígdala, binomio clave en la gestión de recuerdos y en los episodios de ansiedad.

La mayoría de las circunstancias que activan el miedo en nuestra mente son aprendidas, se incorporan conforme las experimentamos, bien sea directamente o a través de otros. Es decir, el cerebro las tiene codificadas como «temerosas» y, de forma adaptativa, al percibir algo similar a lo sucedido en el pasado, activa todo el sistema de alerta. Esas situaciones temerosas pueden provenir tanto de eventos traumáticos del pasado, como de eventos no superados o afrontados correctamente.

Cuando el cerebro percibe toda la realidad como amenazante esto es debido a que el sistema de alerta se ha hiperactivado. Estamos entonces ante el trastorno de ansiedad generalizada, que requiere un abordaje integral pero que, en general, tiene buen pronóstico; o ante el trastorno de estrés postraumático, que aparece cuando habiendo dejado un evento terrible una huella o efecto en nosotros, nuestra mente, ante simples estímulos, hace que el cuerpo reaccione desproporcionadamente como una descarga, recordando y reviviendo el día del trauma.

Recuerdos con alto nivel de carga emocional

Existen sucesos o recuerdos que poseen un nivel de carga emocional potente. Eso hace que al revivirlos las conexiones neuronales se activen de tal forma que el organismo entero se vea afectado —temblor, taquicardia, sudoración, taquipnea...— con la consecuente subida del cortisol y adrenalina.

> Una persona con la amígdala afectada o dañada tiene problemas serios para detectar la alarma, el peligro o el riesgo.

El secuestro amigdalar —*Amygdala Hijack*— acuñado por Daniel Goleman en su libro sobre inteligencia emocional, se refiere a aquellas respuestas emocionales que surgen de forma abrupta y exagerada.

Recibido un estímulo, la reacción del cuerpo resulta excesiva y explosiva. No se trata de un problema mental como tal, sino de un suceso pasado con gran carga emotiva que bloquea al que lo sufrió, de modo que, ante un evento actual que lo revive indirectamente, el sujeto no es capaz de decidir o razonar con claridad. El individuo que responde de esta forma se encuentra anulado por sus emociones.

Todos conocemos personas que han pasado por esto. Son individuos con gran temperamento: frente a pequeños estímulos, la repercusión ante los demás es de choque frontal. Algunos lo denominan «perder los papeles»; otros, «no tiene filtro»; o bien, «es de mecha corta»... ¿Solución? Existe, hay que aprender a gestionar las emociones y trabajar en entender el origen de esas reacciones abruptas.

El caso de Guillermo

Guillermo es un hombre casado desde hace tres años con Laura. Se conocieron en un congreso médico en Atlanta. Él trabaja en un laboratorio y ella es cardióloga. Ella acudía casi siempre con su pareja de entonces —otro médico del mismo hospital— a las convenciones, pero en esa ocasión no había podido acompañarla.

Guillermo ya había tratado con Laura varias veces debido a su profesión. Le parecía una mujer atractiva y le gustaba pasar tiempo con ella. Era consciente de que tenía pareja, un médico al que él había visitado por otros asuntos alguna vez, y, por lo tanto, se mantenía a raya. Durante el congreso, percibió un cambio en Laura, estaba más amable y cercana y se notaba que ella intentaba dedicarle más tiempo. Guillermo, nervioso, no sabía cómo actuar, pero una noche, tras tomar unas copas después de la cena, acabaron juntos en la habitación de ella.

Guillermo, confuso, quería saber qué sentía Laura, qué iba a pasar con su novio... Demasiadas preguntas. Guillermo era pasional, impaciente, y necesitaba solucionar su dilema sentimental. Ella le explicó que la relación estaba rota con la otra persona y que iba a cortar a la vuelta. Así fue. Pocos meses después Guillermo y Laura formalizaban su relación, pero, al ser él muy celoso, no soportaba que ella acudiera sola a los congresos. A la mínima que alguien se acercaba a ella o intentaba invitarla a cenar por temas de trabajo, tenía reacciones explosivas y desproporcionadas difíciles de controlar. Su excusa siempre era:

—Pasó conmigo, podría pasar con otro...

Guillermo sufría de «secuestro amigdalar» por este tema.

Estímulo → reacción inmediata y explosiva desproporcionada → incapacidad de gestionar la realidad → parálisis, bloqueo o agresividad/cegado por emoción → arrepentimiento o perdón (en el mejor de los casos).

Cómo hacer frente a un «secuestro de la amígdala»

Hemos visto cómo funciona el circuito. Busquemos ahora una solución. Imaginemos que somos «electricistas de la mente»: lo más práctico sería lograr un cortocircuito. Veamos cómo.

1. Analiza

¿Qué estímulo es el que te dispara? Conocerse es clave en estos casos. Sin miedo, acude poco a poco a la causa. ¿Es una persona, una cara, una situación, percibir algo amenazante...? Puede ser la visión de la sangre, una conversación sobre un tema conflictivo, un pensamiento que cruza la mente, una actuación de alguien de tu entorno, que te digan «no» a algo que esperabas con ilusión... No importa el origen, pero necesitas conocerlo.

2. ¿Qué sucede en tu cuerpo?

Verás que ese secuestro va acompañado de sintomatología física. Intenta fijarte en cómo se encuentra tu cuerpo justo antes —como te sentías físicamente en los instantes previos a la explosión emocional— y los signos físicos que surgen en tu cuerpo durante el proceso —taquicardia, hipertensión, subida de temperatura...—.

3. Fíjate en alguien de tu entorno a quien admires

¿Cómo reacciona en situaciones parecidas? ¿Cuál es su peor versión ante la frustración o el enfado? Tener un modelo de identidad en quien buscar referencia en momentos difíciles es una gran ayuda.

4. ¡Cortocircuita ese bucle explosivo!

Es complicado; a veces existen sistemas muy formados e instalados en nuestras reacciones que nos impiden ejercer control sobre ellas. Ser consciente de ello ya es un avance. Si consigues darte cuenta y frenar por un instante la cascada que está a punto de surgir, aunque sea por unos segundos, estarás ganando. En ese lapso de tiempo, intenta respirar profundamente, lanza un mensaje positivo a tu mente, un ¡tú puedes! y ¡adelante! La mente precisa aproximadamente entre uno y dos minutos para desbloquear un estado emocional tóxico, por lo tanto, cualquier victoria, por pequeña que sea, se acerca al triunfo.

5. Pide perdón

En esos instantes de descontrol uno reacciona mal y dice cosas que no piensa realmente. La inmensa mayoría de las personas se arrepiente de sus reacciones y comentarios tras esos sucesos. Ten la humildad necesaria para disculparte, e intentar solventar el posible daño causado. Perdónate a ti mismo, porque quizá percibas esa reacción como otro fracaso y no es bueno enrocarse en la sensación de culpa. Supéralo. Proponte conseguirlo la vez siguiente y busca herramientas para ello.

El caso de Gustavo

Gustavo acude a mi consulta porque hace dos días, cuando volvía de una reunión en Londres, justo después de subirse al avión de vuelta a España, empezó a notar opresión en el pecho y falta de aire, junto a una sensación de pérdida de control sobre sí mismo. Intentó llevar a cabo técnicas de relajación dentro del avión, al tiempo que una azafata le ofrecía una tila y trataba de tranquilizarle.

Permanecer en el avión le resultaba insoportable y sentía la urgencia de salir de allí a toda costa. Pese a todo, aguantó a duras penas las dos horas de vuelo y, tras aterrizar, mareado y angustiado, acudió a los servicios de urgencia, donde le explicaron que había sufrido un ataque de ansiedad y que debería acudir a un psiquiatra y tomar medicación.

Ya en mi consulta, me cuenta que ignora lo que le ha podido pasar. Reconoce que efectivamente tiene estrés, pero que lo sucedido en el avión no le había pasado nunca, y lo describe como el peor momento de su vida. Me cuenta también que lleva un año viajando casi todos los días de la semana por motivos laborales. Apenas puede ver a su pareja entre viajes y reuniones. Duerme poco debido al *jet lag* y todo ello le lleva a estar cada día más nervioso e irritable. Gustavo pone el foco en lo sucedido en el avión, no quiere que le vuelva a pasar. Yo le explico que está sometido a un estrés excesivo, que el estar constantemente alerta ha derivado en una alteración de su sistema de supervivencia, que ha disparado los niveles de cortisol en su organismo para ayudarle a superar las situaciones tan exigentes a las que se enfrenta en su día a día.

Gustavo describe un nerviosismo constante y que empieza a tener fallos de memoria. Ocasionalmente nota un adormecimiento en los dedos y en las manos, taquicardias y falta de aire en los pulmones. Le explico que está en un momento de crisis, que sufrió un ataque de pánico en el avión y que su cerebro se encuentra vulnerable, por lo que podría volver a experimentar otro ataque si continúa actuando de la misma manera. Insisto en que tiene que aprender a bajar su frenético nivel de actividad, y que un primer paso para ello es recuperar la capacidad reparadora del sueño. Tiene que conseguir desconectar su cerebro de esa actividad desenfrenada, porque se encuentra encerrado en un circuito tóxico que en cualquier momento se puede volver a romper.

Por otra parte, le añado pautas para evitar la crisis dentro del avión. Antes de subir, ha de tratar de relajarse mediante una serie de mensajes cognitivos positivos y técnicas de respiración. Además, debe llevar una medicación de rescate consigo, cuyo efecto es casi inmediato y actúa en poco tiempo, por si empezara a sufrir el ataque.

Muchas personas solo con tener la seguridad de llevar en el bolsillo esa medicación logran sobreponerse al ataque de pánico sin necesidad de tomársela, ya que van postergando la toma en la convicción de que en última instancia la pastilla les ayudará a superarlo, lo que consigue que finalmente puedan llegar a controlar esos ataques sin auxilio de fármacos. Le receto una medicación adicional para que poco a poco vaya desbloqueando la tensión acumulada en su cerebro.

En psicoterapia trabajo de forma profunda el origen de su nivel de ansiedad: se encuentra siempre alerta, sin tiempo para la relajación. No se permite un fallo, no descansa, come mal, lo que ha provocado que su cerebro se colapse y le frene a través de una crisis de pánico. Un ataque de pánico es lo que yo denomino a veces la «fiebre de la mente». Es decir, del mismo modo que la fiebre es un indicador de que hay algo que no funciona bien en el cuerpo, las crisis de ansiedad o de pánico te avisan de que algo en tu mente no es correcto, conduciéndote en última instancia al colapso. En terapia enseño a Gustavo a relajarse, a tomarse las cosas con más calma, a saber renunciar, a hacer ver a su jefe que necesita apoyo en sus tareas, a delegar parte de sus responsabilidades. Todo con tal de aligerar una carga excesiva de trabajo.

Poco a poco, Gustavo empieza a sentirse mejor. Al principio persiste el miedo a volar, pero no insisto porque eso es accesorio, posponemos ese objetivo hasta que se vaya encontrando mejor. Con el tiempo, empieza a realizar vuelos cortos, de hora u hora y media aproximadamente, para los que se prepara mediante mensajes cognitivos positivos, el saber que lleva consigo medicación de rescate y técnicas de relajación y control de la respiración. Mediante estas técnicas, y la seguridad que le aporta llevar consigo la medicación de rescate, que solo ha necesitado tomar en dos ocasiones en un año de tratamiento, Gustavo va encontrándose mucho mejor y ya se sube a aviones sin excesivas complicaciones y su cuerpo poco a poco va recuperando la calma.

Si una persona vive constantemente alerta, genera una interpretación de la realidad peor de lo que es. Responde ante lo que le sucede en su interior como si fueran amenazas reales. El cerebro se confunde al responder.

El control de la respiración[5], con los ojos cerrados y prestando atención a cada una de las sensaciones del cuerpo, es una de las medidas más eficaces para estimular el funcionamiento del sistema nervioso parasimpático —que, como ya dijimos, regula el equilibrio interno o homeostasis, activa los órganos que mantienen el organismo en situaciones de calma —glándulas salivares, estómago, páncreas o vejiga— e inhibe aquellos que preparan al organismo para las situaciones de emergencia o tensión —iris, corazón o pulmones—.

Cuando uno consigue mantener su atención enfocada en la respiración, en el presente, en el aquí y el ahora, desechando cualquier pensamiento que le dirija hacia el pasado o le enfoque hacia el futuro, va logrando poco a poco, con cada respiración, relajarse y recuperar la serenidad y la confianza perdidas.

Unas sencillas claves para afrontar tus miedos y la ansiedad son:

— Aprende a reconocerlos. Sé consciente. No los anules, ni ocultes; toda emoción reprimida retorna por la puerta trasera y puede ser el origen de heridas y sufrimientos físicos y psicológicos.
— El miedo se supera sintiéndolo y dando un paso adelante. El miedo se vence cambiando.
— Insisto, no temas en volver al origen, acude a desenmarañar los principios y causas de tus inseguridades, pero, ¡ojo!, cuidado con las «terapias imposibles» que acaban perjudicando más que ayudando,
— Intenta entender tus miedos, podrás enfrentarlos mejor y superarlos. Cuando entendemos algo, sabemos afrontarlo y el miedo disminuye.

---

[5] Consiste en ir observando con interés los movimientos pausados y armónicos de inspiración y espiración —elevación y hundimiento de abdomen y tórax y entrada y salida de aire a través de las fosas nasales—. Lo explicamos con más detalle en el capítulo 6.

— El miedo siempre va a existir, aprende a ser optimista y encuentra la salida al bucle tormentoso de pensamientos que te bloquean. No olvides que el miedo es un gran embustero, disfraza la realidad siempre peor de lo que es.
— Confía en ti. La manera en la que te proyectas tiene la capacidad de poner en marcha la mejor versión de tu cerebro. La confianza en ti mismo, ilusionarte con conseguir tus objetivos, activa tu creatividad, tu capacidad de resolver problemas y percibir la vida con más ilusión.
— Mejora tu capacidad de atención. Hablaremos en profundidad en el capítulo 5, con el «Sistema reticular activador ascendente». Los miedos, la ansiedad... se cronifican cuando uno no tiene capacidad de enfocar su atención de forma correcta.
— Educa tu voz interior. ¡Que sirva para animarte y no para hundirte o influirte negativamente! Esquiva los pensamientos tóxicos que vienen para llevarte de nuevo a las crisis de angustia o para maximizar los miedos.
— Cuida la alimentación. Te doy un ejemplo, los episodios de hipoglucemia tienen la capacidad de alterarte profundamente y activar el miedo. Prescinde de la cafeína y del alcohol.
— Descansa. La falta de sueño nos hace más vulnerables a los miedos. Nos lleva a interpretar la realidad de forma más amenazante de lo que es.

Nos convertimos en lo que pensamos[6]. El miedo es inevitable, el sufrimiento que produce es opcional. Los temores se curan aprendiendo a disfrutar de la vida, mirando hacia el futuro con ilusión y viviendo el presente de forma equilibrada y compasiva.

[6] Y en lo que amamos. Pero este capítulo va enfocado a los pensamientos.

5
Vivir el momento presente

La felicidad no es lo que nos pasa, sino cómo interpretamos lo que nos pasa. Depende de la forma en que asimilamos una realidad, y nuestra capacidad de orientar o enfocar dicha asimilación es clave para poder ser felices. Por lo tanto, de lo que aquí vamos a hablar es de tu capacidad de elegir. De elegir felicidad en vez de infelicidad. Desde el inicio de estas páginas hemos tratado el dolor, el sufrimiento, los traumas y las heridas profundas. No venimos a negar el mundo real —hablaremos de la tolerancia a la frustración más adelante—, pero sí a aprender a disfrutar en la medida de lo posible, a pesar... de los pesares.

Tu realidad depende de cómo decides percibirla.

Entiendo que te sorprenda este mensaje, y surjan en ti mil frases —¡barreras y resistencias!— de este tipo: «Ya lo he intentado todo», «mi vida es muy dura», «depende de las circunstancias», «mi infancia fue terrible», «qué fácil es decirlo y qué difícil conseguirlo»... Si rechazas elegir agarrarte a lo bueno de tu vida —por pequeño que sea—, estás dándote por vencido en la lucha más decisiva de tu existencia.

La felicidad no es un sumatorio de alegrías, placeres y emociones positivas. Es mucho más; pues también depende de haber conseguido superar las heridas y dificultades y seguir creciendo. Es vivir con cierto gozo a pesar del dolor y el sufrimiento —en mayor o menor medida, inevitables—.

Si negamos o bloqueamos constantemente el sufrimiento, nuestra mente pierde la capacidad de saber afrontarlo y superarlo. No significa entrar en el «barro tóxico» e intentar enfrentarse a todas y cada una de las batallas que se nos presenten, sino aprender a gestionar los malos momentos. Conozco mucha gente que no sabe enfrentarse a los conflictos, a las emociones negativas y que como vía de escape las anula de forma automática e inconsciente. Eso conlleva un riesgo, porque la evitación constante de lo negativo te lleva a perderte una parte de la vida y a desconectar muchas veces del sufrimiento de los que te rodean. Ya hablamos en el capítulo anterior de la importancia de la «compasión», de conectar de forma sana con el sufrimiento de otros para ayudarles a salir adelante.

No olvidemos que un gran error frecuente es aspirar a una felicidad excesiva o a un estado de alegría y placer utópicos y constantes. Eso deriva en personas frustradas por la insatisfacción permanente. ¿Es la felicidad la gran aspiración de una persona? Eso parece; pero la felicidad tiene un componente instantáneo, placentero: una comida, una reunión con amigos, un viaje…, y otro más estructural, asentado en los pilares fundamentales de la vida: familia, pareja, trabajo, cultura, amigos… La felicidad-placentera es como una chispa fugaz, la felicidad-estructural habla en cambio de un balance de vida equilibrado.

Voy a transmitirte varias ideas de forma práctica. Probablemente muchas ya las hayas leído o incluso las hayas experimentado alguna vez en tu vida.

He unido la formación adquirida de mi padre —¡más de treinta años a su lado aprendiendo!— con la lectura de múltiples libros[1], artículos e investigaciones y, sobre todo, con la observación del interior de tantas personas a las que he acompañado a lo

[1] Recomiendo muchos de estos libros en la bibliografía.

largo de sus peores momentos y de sus remontadas. Intentemos que lo que vas a leer sobre esta materia sea útil para tu vida o bien para ayudar a gente de tu entorno.

La realidad de tu vida depende de cómo decides responder o reaccionar ante ciertas circunstancias, es decir, el comportamiento que surge ante los estímulos exteriores. Aquí te transmito otra idea importante.

Toda emoción viene precedida de un pensamiento.

La mente es la responsable de fabricar la emoción. El sentimiento es la reacción física a esa emoción. Sin cerebro, no hay emoción. En las lesiones cerebrales, en los ictus, en las malformaciones..., pueden verse afectadas zonas del cerebro que te lleven a «no sentir». Una persona puede perder la sensibilidad en las extremidades —¡y quemarse al no reaccionar!— si tiene esa zona del cerebro desactivada o lesionada.

Desde hace unos años, a través de las personas que perdían el habla tras un infarto cerebral, se han ido descubriendo las zonas del cerebro encargadas de esa función. Ese es el origen remoto del mapeo cerebral. Actualmente contamos con herramientas para conocer en tiempo real cómo funciona el cerebro, lo que nos permite observar en directo cómo reaccionan y se alteran ciertas zonas cuando se realiza una actividad o se experimenta un estímulo. Una de esas técnicas es la resonancia magnética funcional. Esta se emplea tanto para tratamiento clínico como para investigación. Mediante ella podemos detectar los cambios de distribución de los flujos de sangre en los diferentes momentos, permitiéndonos así conocer la mente y el sistema nervioso de forma mucho más profunda y global sin necesidad de medios más agresivos como «abrir» el cerebro o esperar a una autopsia. Esta técnica de neuroimagen avanzada nos da la oportunidad de observar cómo se activa nuestro cerebro ante ciertos pensamientos, motivaciones o estados de ansiedad o depresión.

Uno de los descubrimientos más fundamentales

Cada pensamiento genera un cambio mental y fisiológico. Insisto en esta idea en varios momentos del libro. No lo olvides, porque si eres de aquellos que sufren, que pierden el control de sí mismos, que quieren conocerse mejor..., entender este procedimiento te va a ayudar mucho.

Desde pequeños contamos con conceptos autoimpuestos o que hemos asimilado sobre nosotros mismos: «Soy impulsivo», «siempre he sido así», «mi padre era igual», «soy nervioso», «odio las masas», «me dan miedo los aviones»... Estas sentencias sobre ti mismo funcionan en la práctica como barreras mentales que te impiden avanzar libremente en esos campos. Digo sentencias porque tienen un impacto en ti casi bloqueante, como si cayeran del cielo cual condena.

Las emociones que nos perjudican son debidas a un pensamiento —más o menos consciente—. Y los pensamientos los podemos educar o reeducar. Para llegar a ser una persona feliz, en paz y completa, precisas trabajar la forma en que piensas. Si lo haces te sorprenderás de los resultados.

> ¡Cómo cambia tu realidad
> cuando cambias tu manera de pensar!

Examina en profundidad las ideas que tienes sobre ti mismo, o las que surgen en ti en los momentos más oscuros de tristeza o angustia. Esa emoción tóxica sucede porque «algo» cruza tu mente y ese «algo» te invade de forma perjudicial.

No es fácil. Existen lo que denomino «automatismos»: reacciones que brotan de forma involuntaria porque llevan toda la vida haciéndolo ante ciertos estímulos o pensamientos. Es complejo desligarse de los «debería» que se han colado en el comportamiento desde hace tiempo. Para modificar los pensamientos tóxicos, el sistema de creencias —la forma de procesar la información—, uno debe fijarse en cuáles son sus pensamientos limitantes o sus barreras.

Ese sistema de creencias no tiene por qué ser malo, de hecho en muchas ocasiones es muy positivo. Por ejemplo, si cada vez que ves salir el sol, te alegras y piensas que ese día vas a rendir más porque el sol transmite energía a tu organismo, tu sistema de creencias te está ayudando; pero si, al contrario, ves nubes grises o inicio de lluvia y sale de ti un «este día va a ser horrible», tu sistema de creencias te está limitando. Esto puede suceder con eventos exteriores o con ideas y sensaciones interiores. Si llegas a una cena con amigos y algo no te encaja o te sientes incómodo, probablemente haya algo ahí que inconscientemente te haya recordado una experiencia negativa pasada —la comida, alguna persona, la distribución de las personas en la mesa, un olor...—.

Podemos educar la mente y regular nuestras emociones. Pensemos, por ejemplo, en ir en bicicleta. Cuando uno se sube a una bicicleta por primera vez, en general usa ruedines laterales para evitar caerse. A medida que uno le pierde el miedo, se atreve a coger más velocidad, a bajar cuestas e incluso a soltar una mano del manillar. Un día, quitas las ruedas accesorias y luchas contra el equilibrio. Piensas que no podrás, que te caerás —¡quizá así suceda!—, pero, de golpe, lo has conseguido. Puede que pasen meses o años, y subas de nuevo a la bicicleta, sin más; sin necesidad de volver a pasar por los ruedines porque «tu mente» —y «su equilibrio»— «ya sabe hacerlo».

En la educación de los pensamientos sucede algo parecido. Lógicamente, no es un proceso tan sencillo, pero ejercitar la mente tiene un efecto extraordinario en la forma en que percibimos la realidad. Si cada vez que vas a ir en bici o a coger un coche, o a esquiar solo piensas en las ocasiones en las que te caíste, tuviste un accidente o te hiciste daño, acabarás evitando esas actividades por el desgaste mental que te suponen. Esa es la causa por la cual un pensamiento se transforma en una certeza ¡limitante!, cuando lo fundamentas de tal forma que se convierte en una excusa para evitar hacer algo. Tu mente ha ido forjando automatismos a lo largo de la vida que desembocan en bloqueos inútiles ante ciertos desafíos o retos que surgen.

¡Por eso hablamos de decisión! Toma el control sobre ti, evita echar la culpa al resto, a las personas tóxicas que te rodean o a las circunstancias sociales, económicas..., de tu entorno.

Abandona tu rol de víctima; empieza a ser el protagonista de tu vida.

Te presento un esquema que puede ayudarte a entender tu forma de actuar y sentir en tu instante presente.

Esquema de realidad

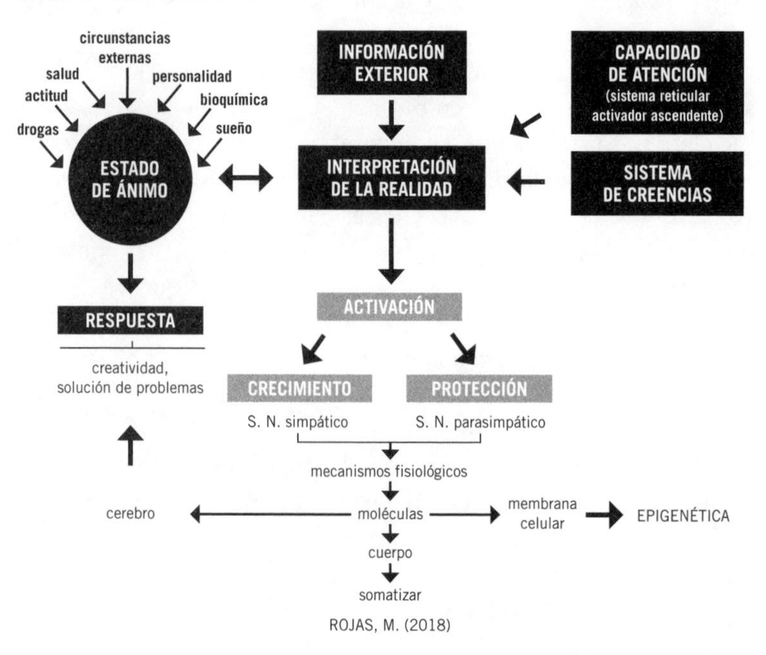

Tras recibir una señal del exterior reaccionamos e interpretamos la realidad dependiendo de tres factores:

— nuestro sistema de creencias;
— nuestro estado de ánimo;
— nuestra capacidad de atención y percepción de la realidad.

Tras esa interpretación el cuerpo responderá en modo alerta o en modo protección —sistema nervioso simpático o parasimpático— afectando a la mente y al organismo.

Entremos a analizar con detalle cada una de ellas.

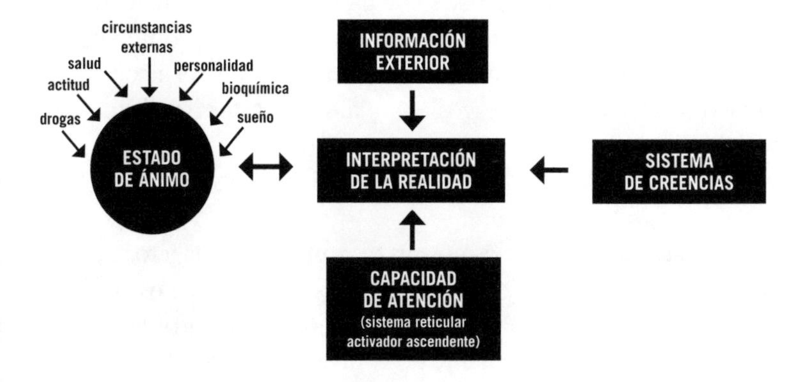

Empecemos por el sistema de creencias.

Sistema de creencias

¿En qué consiste el sistema de creencias? Tu sistema de creencias está basado en tus ideas prefijadas sobre la forma de ver la vida y el mundo que te rodea y lo que crees de ti mismo —bien sea porque has llegado tú solito a esa conclusión o porque desde niño o incluso de adulto no han parado de repetírtelo—: «Soy así», «siempre he tenido mal despertar», «me cuesta la gente», «me da miedo volar», «no se me dan bien los deportes»...

Estas creencias son opiniones que tenemos sobre los diferentes aspectos de la vida. Están íntimamente ligadas a la manera que tenemos de interpretar el mundo y pueden ser de tipo consciente —«me doy cuenta»— e inconscientes —porque llevan toda la vida ahí—.

Ese sistema de creencias incluye los valores, que matizan la manera que tenemos de sentir, actuar y reaccionar. Las creencias se van formando a lo largo de la vida y traducen la visión personalizada y específica que tenemos cada uno de percibir la vida. A veces los adolescentes fuman y beben a temprana edad porque se sienten «más adultos». Existen otros factores que influyen en comenzar a beber, pero una causa muy común es la inseguridad, el hecho de que haciéndolo se sienten más aceptados a nivel social. Sabiendo que es malo para la salud y que perjudica profundamente, su creencia inconsciente sobre ellos mismos ante el alcohol o el tabaco se impone a los riesgos racionales que estos implican.

¿Por qué es tan importante reflexionar sobre esto?

El sistema de creencias nos predispone en la vida y forma una fuente de influencia muy potente. Nos aporta argumentos automáticos para actuar de una u otra manera. Son juicios profundamente enraizados en nuestra mente que nunca nos cuestionamos y que son decisivos, puesto que sobre la base de ellos construimos nuestra interpretación de la realidad y nuestras reacciones a esta. Estas creencias son universales, las tenemos sobre el mundo en general, los demás, nosotros mismos, los conceptos, las ideologías…

Cuando las cosas no salen nunca como esperamos o sufrimos siempre por todo lo que nos rodea, si nos sentimos radicalmente inadaptados es que primero deberíamos analizar cómo está construido nuestro sistema, nuestra visión del mundo. Quizá sorprendamos en nosotros creencias que limitan nuestro crecimiento interior. No tengas miedo a cuestionar aquello que te limite, porque probablemente así mejores tu capacidad de percibir la realidad y puedas enfocarte en Tu Mejor Versión[2] (TMV).

Algunas de estas creencias obstaculizan seriamente nuestra capacidad de lograr objetivos o de afrontar desafíos de forma sana, debido a que bloquean nuestra mente con sentimientos de inseguridad y miedo.

Sigamos…

---

[2] En el capítulo 9 expondré unas ideas sobre cómo sacar Tu Mejor Versión —TMV—.

El estado de ánimo

La felicidad —hemos insistido en ello a lo largo de estas páginas— no depende de la realidad en sí, sino de cómo yo interpreto esa realidad. Aquí, el estado de ánimo tiene una fuerza impresionante. Un ejemplo frecuente: estás feliz porque tu equipo ha ganado la Champions League; si te encuentras al día siguiente con tu jefe, que es de tu mismo equipo y con el que tienes una mala relación, probablemente le mires con ojos menos críticos y seas capaz de entablar una conversación amable y divertida. Si por el contrario tu equipo pierde, y te llama tu hermano, fan del rival que ha vencido, para comentar la derrota, quizá ni siquiera le contestes al teléfono, lo apagues y te metas en la cama sin cenar.

¿De qué depende el estado de ánimo?

Existen diferentes aspectos que modulan y alteran el estado de ánimo. No quiero hacer excesivamente extensas estas páginas, ya que este apartado daría para un libro entero. Expondré de forma sencilla estas ideas.

1. El consumo de drogas y alcohol

El consumo de estas sustancias perjudica seriamente la salud mental. Uno de sus principales efectos es una alteración grave en la percepción de sensaciones y estímulos. Todos conocemos personas que, tras ingerir alcohol, se encuentran más sensibles y vulnerables y por ello hay que tener cuidado con sus reacciones y comentarios. El consumo frecuente o la adicción a estas sustancias alteran profundamente el estado anímico y la interpretación de la realidad que perciben quienes consumen.

2. La bioquímica o la genética

Existen personas que son más propensas a deprimirse o hundirse debido a factores genéticos o a padecer previamente enfermedades severas tipo trastorno bipolar, depresiones recurrentes, estados de ansiedad generalizados... También influyen los estados hormonales, que generan vulnerabilidad en la mujer —trastorno premenstrual, puerperio...—. Es probable que individuos que provienen de familias con varios miembros con depresión tengan un estado anímico más frágil y sensible a acontecimientos del entorno.

3. La salud física y las circunstancias externas

Si estamos atravesando un momento profesional difícil o una dolencia física fuerte, ello influye en la manera en la que percibimos la realidad porque nuestro estado de ánimo está más sensible y vulnerable. Cuando llega la enfermedad, una época dura o una situación extrema a nuestras vidas, el ser consciente de que uno no es plenamente «objetivo» ayuda a no ser tan duro con la realidad y con los que le rodean.

4. Tipo de personalidad

En este apartado exponemos desde trastornos de personalidad severos —límite, evitativo, esquizoide...— a rasgos de personalidad marcados que influyen profundamente en el estado anímico. Por ejemplo, los jóvenes con trastorno de personalidad límite —impulsividad, inestabilidad emocional, miedo intenso al abandono, autolesiones, baja tolerancia a la frustración…— sufren altibajos emocionales intensos, interpretan la realidad de forma radical y perciben constantemente el entorno como amenazante. Todo ello hace que, lejos de actuar racionalmente, sus reacciones muchas veces estén guiadas por la agresividad y la rabia. Conseguir que disfruten y mantengan un equilibrio interior exige trabajar de forma importante su personalidad —desde farmacoterapia, a psicoterapia individual y grupal—. Otro tipo de personalidad que tiende a sufrir es la denominada PAS: Personalidad Altamente Sensible. No se encuentra hoy en el DSM-5 —manual de los trastornos mentales—, pero existe y tenerla genera importantes efectos en quienes la padecen.

El caso de Ernesto

Ernesto es un paciente que acude a mi consulta por ansiedad. Los episodios comenzaron en la universidad, con los exámenes, pero ahora los padece en multitud de lugares y situaciones. A esto se le añade que reconoce ser una persona «depresiva». Lo detalla de esta manera:

—Sin motivo aparente, estoy en un lugar y necesito marcharme, me pongo nervioso y ya no disfruto.

Tiene varias tiendas de ropa para hombre, un negocio familiar, en el que trabaja con su mujer. Tiene dos niños pequeños. Se describe como alguien tendente a entristecerse con facilidad. Admite tener muchos altibajos, de los que desconoce la causa. Le pido, tras la primera consulta, que se fije y anote sus peores momentos para intentar analizar las razones que le llevan a tener bajones diarios. Cuando acude de nuevo a consulta me comenta:

—Vas a pensar que estoy peor de lo que estoy.

Sonrío. Es una frase muy repetida en la consulta cuando a alguien le avergüenza contar alguna manía o pensamiento curio-

q a cc uj
zapa. vest
— oy inca z de s ariño me vu ar qu
volver casa lo ntes posible.

Me comenta que se sobresalta con facilidad ante r idos estr dentes o estímulos poco armónicos. Descubro en el interior de Ernesto una persona con una sensibilidad a flor de piel. Lo que padece Ernesto se denomina PAS —Personalidad Altamente Sensible—.

PAS. La Personalidad Altamente Sensible

¿Notas que te preocupas por los demás más de lo normal? ¿Buscas constantemente la tranquilidad y sosiego? ¿Te alteran los lugares caóticos? ¿Percibes la realidad intuitivamente de forma más profunda que la gente que te rodea?

Estos son algunos de los rasgos de las personas con PAS, individuos que poseen un sistema nervioso más sensible y perciben con mayor intensidad los cambios y detalles del entorno. Un exceso de estimulación les perturba profundamente. Probablemente este tipo de personalidad haya existido siempre a lo largo de la historia, pero solo ha salido a la luz y se ha estudiado recientemente. También puede ser que los casos sean más frecuentes debido a que vivimos en la sociedad más hiperestimulada de la historia y, nalidad marcados que influyen profundamente en el estado anímico. Por ejemplo, los jóvenes con trastorno de personalidad límite —impulsividad, inestabilidad emocional, miedo intenso al abandono, autolesiones, baja tolerancia a la frustración...— sufren altibajos emocionales intensos, interpretan la realidad de forma radical y perciben constantemente el entorno como amenazante. Todo ello hace que, lejos de actuar racionalmente, sus reacciones muchas veces estén guiadas por la agresividad y la rabia. Conseguir que disfruten y mantengan un equilibrio interior exige trabajar de forma importante su personalidad —desde farmacoterapia, a psicoterapia individual y grupal—. Otro tipo de personalidad que tiende a sufrir es la denominada PAS: Personalidad Altamente Sensible. No se encuentra hoy en el DSM-5 —manual de los trastornos mentales—, pero existe y tenerla genera importantes efectos en quienes la padecen.

El caso de Ernesto

Ernesto es un paciente que acude a mi consulta por ansiedad. Los episodios comenzaron en la universidad, con los exámenes, pero ahora los padece en multitud de lugares y situaciones. A esto se le añade que reconoce ser una persona «depresiva». Lo detalla de esta manera:

—Sin motivo aparente, estoy en un lugar y necesito marcharme, me pongo nervioso y ya no disfruto.

Tiene varias tiendas de ropa para hombre, un negocio familiar, en el que trabaja con su mujer. Tiene dos niños pequeños. Se describe como alguien tendente a entristecerse con facilidad. Admite tener muchos altibajos, de los que desconoce la causa. Le pido, tras la primera consulta, que se fije y anote sus peores momentos para intentar analizar las razones que le llevan a tener bajones diarios. Cuando acude de nuevo a consulta me comenta:

—Vas a pensar que estoy peor de lo que estoy.

Sonrío. Es una frase muy repetida en la consulta cuando a alguien le avergüenza contar alguna manía o pensamiento curioso. Me explica que tras muchos años se ha dado cuenta de que la decoración de los sitios y la forma en que viste la gente lo alteran profundamente. Me detalla con todo lujo de matices que un día en casa de sus suegros vio que la pared estaba desconchada y al instante sintió que «necesitaba marcharme de ahí; no podía soportarlo». Me señala que los lugares, si no están cuidados, desprenden «algo negativo y me bloqueo». Añade que igual le ocurre con formas de vestir, ruidos u olores.

—Necesito que la gente cuide los detalles y que sea educada; si no, prefiero no estar en esos lugares. No disfruto.

Añade que, si va a cenar con su mujer y no le agradan sus zapatos o vestido:

—Soy incapaz de ser cariñoso, me vuelvo arisco y quiero volver a casa lo antes posible.

Me comenta que se sobresalta con facilidad ante ruidos estridentes o estímulos poco armónicos. Descubro en el interior de Ernesto una persona con una sensibilidad a flor de piel. Lo que padece Ernesto se denomina PAS —Personalidad Altamente Sensible—.

PAS. La Personalidad Altamente Sensible

¿Notas que te preocupas por los demás más de lo normal? ¿Buscas constantemente la tranquilidad y sosiego? ¿Te alteran los lugares caóticos? ¿Percibes la realidad intuitivamente de forma más profunda que la gente que te rodea?

Estos son algunos de los rasgos de las personas con PAS, individuos que poseen un sistema nervioso más sensible y perciben con mayor intensidad los cambios y detalles del entorno. Un exceso de estimulación les perturba profundamente. Probablemente este tipo de personalidad haya existido siempre a lo largo de la historia, pero solo ha salido a la luz y se ha estudiado recientemente. También puede ser que los casos sean más frecuentes debido a que vivimos en la sociedad más hiperestimulada de la historia y, por lo tanto, es más sencillo que los sentidos de ciertas personas se saturen con más facilidad.

Estas personas son especialmente intuitivas, pero un mal control de sus emociones o una falta de conciencia del tema puede abrumarles y llevarles a bloquearse.

Pasemos a detallar algunas características:

— Sienten con mayor intensidad.
— Captan minuciosamente la realidad con mayor intuición. Poseen gran capacidad de observación: se fijan en los detalles de un cuarto, la ropa, el arte, la climatología o el estado de ánimo de otros.
— Tienen más facilidad para sentirse cansados y agobiados ante el exceso de estímulos.
— Poseen una gran empatía y son capaces de ponerse en el lugar de otros, preocupándose mucho por los demás. Se emocionan con facilidad.
— Existe un componente de timidez en muchas de estas personas.
— Suelen medirse más y ser más cautelosos antes de enfrentarse a una situación o reto. Necesitan mucha seguridad antes de tomar una decisión o embarcarse en un proyecto; por lo que previamente recaban muchos datos y solo deciden después de un meticuloso análisis.
— Procesan la información con mucha sutileza y profundidad, en muchas ocasiones, son perfeccionistas, ya que valoran los detalles en gran medida.
— Valoran mucho la educación y son especialmente cuidadosos.
— Son más sensibles a las críticas; les cuesta aceptar que se les digan cosas negativas.
— Captan con mayor intensidad matices, ruidos, olores, temperaturas...
— Existe tanto en hombres como mujeres, si bien en mujeres parece ser más frecuente. La realidad es que en los últimos años ha crecido esta sintomatología en hombres, quienes,

en muchas ocasiones, no saben cómo adaptarse a esta sensación.

— Algunos desarrollan con más frecuencia ansiedad o depresión, por ser más vulnerables al mundo exterior y al interior.

Estas personas tienen que aprender a adaptarse, conocer los sitios que les limitan más o el tipo de personas o ambientes que tienden a bloquearles. En el caso de los hijos, hay que aprender cómo tratarles, sin realizar un exceso de sobreprotección, pero sí entender sus desmedidas reacciones ante algunas circunstancias.

5. El sueño

Este apartado adquiere una especial relevancia. Pasamos —o deberíamos pasar— un tercio de nuestra vida en los brazos de Morfeo. El sueño es algo importante que hay que cuidar.

Entramos en el mundo de la noche y del sueño. Todos sabemos lo que es pasar una noche en blanco, sin conseguir conciliar el sueño, o dormir con múltiples despertares cada poco tiempo. En ambos casos uno se levanta por la mañana con sensación de agotamiento. Cuando falla el descanso, la mente no funciona con normalidad. Surgen problemas de memoria y aprendizaje, fallos de atención y concentración y errores en las habilidades cognitivas. La ausencia de descanso o un descanso deficiente nos convierte en seres susceptibles e irritables que no pueden responder de forma adecuada a los estímulos exteriores.

La falta el sueño afecta incluso al sistema inmunológico: el sistema nervioso parasimpático, encargado del descanso, de la recuperación y de la fabricación de linfocitos, se ve debilitado y alterado profundamente.

Las pesadillas, los múltiples despertares, un sueño ligero o la sensación de falta de descanso son una de las principales causas de consultas en el médico, neurólogo o psiquiatra. En algunas etapas de la vida es necesaria medicación, pero su consumo de forma crónica posee efectos perjudiciales para el cerebro. Contamos con los primeros estudios longitudinales sobre las consecuencias de abusar de estos fármacos para dormir. Las benzodiacepinas —alprazolam, loracepam, diazepam y sus derivados— entran en el organismo e inducen el sueño, cada una con su mecanismo de acción, pero sostenidas en el tiempo generan a la larga tolerancia, abuso, y dependencia. La retirada es, en la mayor parte de los casos, un problema.

El sueño es fundamental porque es básico para renovar algunas zonas del cerebro, entre otras, el hipocampo —decisivo para la memoria y el aprendizaje y que regula a varios niveles el miedo—. Durante la noche se reconstruye la memoria y se reviven los aprendizajes del día. Por eso los estudiantes que duermen mal realizan peor los exámenes. ¡Cuidado con los que pasan la noche en vela con un atracón de horas de estudio aguantando a base de cafeína! Quizá al día siguiente salven el aprobado, pero su cerebro no ha consolidado lo aprendido en la noche, simplemente ha tirado de la memoria a corto plazo para salir del paso.

Durante el sueño también se almacenan emociones, ya sean de agradecimiento o de resentimiento y rabia. Por eso es tan importante poder traer a la mente pensamientos alegres o positivos antes de acostarse.

UNA CURIOSIDAD, ¿POR QUÉ DESPIERTA EL CAFÉ?

Curioso, pero muy interesante. Veamos. Cualquier actividad que realizamos —trabajar, estudiar, practicar deporte, moverse...— requiere el uso de energía. ¿Cómo se llama la energía del cuerpo? Se denomina ATP —adenosin trifosfato—. Cada célula se alimenta de estas moléculas que provienen principalmente de aquello que ingerimos. Cuando realizamos ejercicio, trabajamos, estudiamos, pensamos..., hacemos uso de ese ATP, que el cuerpo va consumiendo poco a poco.

Cada vez que empleamos una molécula de ATP, esta se rompe y se divide en dos: una molécula de fosfato y otra de adenosina. Esa molécula denominada adenosina es importante para nuestro descanso, pues es una sustancia que induce al sueño. El cerebro consta de receptores sensibles y especializados para la adenosina. Si los niveles de esta molécula son elevados, nuestro organismo percibe una sensación de somnolencia y el sueño será más profundo. El cuerpo —que es muy sabio— emplea este sistema para generar sensación de cansancio e inducir al sueño tras el esfuerzo, el ejercicio, el estudio... Existen otras moléculas responsables del proceso de reposo, pero los niveles elevados de adenosina poseen una gran repercusión en el sueño y nos ayudan a descansar mejor.

¿Cuál es el rol del café? Aquí entra en juego la famosa cafeína: la molécula «antisueño» por antonomasia. Fue descubierta por el químico alemán Friedlieb Ferdinand Runge en 1819.

Posee una gran similitud con la adenosina; es lo que se denomina una antagonista no selectiva de los receptores de adenosina; es decir, al consumir cafeína bloqueamos los receptores del cerebro sensibles a la adenosina. En ese momento el cerebro ya no recibe la señal de que «tiene sueño» por lo que aguantará más tiempo despierto, trabajando o realizando alguna actividad.

Dormir poco tiene efectos nocivos para el cuerpo y para la mente. El ser humano, en general, necesita cuatro o cinco ciclos de sueño. La duración de cada uno de ellos es en torno a noventa minutos.

Un ejemplo que seguro te ha sucedido en alguna ocasión. Te despiertas, en medio de la noche, con sensación de estar despejado. Te vuelves a dormir y cuando te levantas por la mañana, con el despertador, te sientes aturdido y cansado. ¿A qué se debe? Está relacionado con los ciclos del sueño.

Existen cinco fases: la 1 y la 2 son de sueño ligero, la 3 y la 4 son de sueño profundo y la 5, la fase REM *(Rapid Eye Movement),* es donde uno tiene los sueños. Cada ciclo dura, como hemos dicho, unos noventa minutos: sesenta o sesenta y cinco minutos de las fases 1 a 4 más veinte minutos de la fase 5. La ciencia del sueño lo que postula es que no depende tanto del número de horas que uno pasa en la cama, sino los ciclos del sueño realizados.

Un truco que puede ser de utilidad si tus fases del sueño son regulares es este. Busca una hora para levantarte; que vaya de hora y media —el tiempo aproximado de un ciclo— en hora y media —hora y media, tres horas, cuatro horas y media, seis horas, siete horas y media—. Todo depende de si necesitas madrugar, tienes un viaje, cuentas con menos tiempo... o estás aprendiendo a gestionar tu sueño. Pongamos un ejemplo; si te acuestas a las doce y pones el despertador a las siete y media, te costará menos despertarte e incluso notarás que tu cerebro se activa con facilidad y mayor frescura. Si lo pones a las ocho, aunque duermas más, curiosamente, te supondrá un mayor esfuerzo levantarte. Tu despertador habrá sonado en plena fase de sueño profundo.

Cada persona es un mundo y sus ciclos se ven afectados por factores como el ejercicio, el estrés, la medicación o el alcohol. Todos conocemos alguna persona que duerme menos de cinco horas que *funciona* y se encuentra en condiciones óptimas para trabajar. Por eso los ciclos del sueño de cada cual merecen ser estudiados individualmente para adaptar a ellos nuestros horarios.

Higiene del sueño: cinco consejos para dormir bien

A. Prescinde de los dispositivos antes de dormir

Cuidado con la pantalla, los videojuegos, las redes sociales... antes de meterte en la cama. Existen varios estudios que señalan el efecto perjudicial de la luz de una pantalla —teléfono, *smartphone*, tableta...— antes de acostarse. Un estudio publicado en 2014 por la revista *British Medical Journal*, realizado a nueve mil ochocientos cuarenta y seis adolescentes entre dieciséis y diecinueve años, demostró que el uso de la pantalla alteraba el patrón normal del sueño. Cuanto más se emplea un dispositivo antes de dormir, mayor es el riesgo de descanso defectuoso. El problema radica en el *Sleep Onset Latency* (SOL), es decir, el tiempo empleado en quedarse dormido. La luz azul del aparato obstaculiza la secreción de la hormona del sueño: la melatonina. Los estudios afirman que esta luz disminuye hasta el 22 por 100 de la producción de esta sustancia. Algunos dispositivos ya cuentan con *modo noche*, donde la luz que emite la pantalla es filtrada y afecta de forma mucho menos intensa a la melatonina.

B. Cuidado con los estímulos emocionales

Una conversación que te inquieta, una cena que termina en conflicto, una discusión acalorada con tu pareja…, son ingredientes para que esa noche no descanses de forma adecuada. Si ves una película que te aterra o las noticias te perturban, replantéate lo último que llevas a tu vista y a tu mente antes de acostarte.

Cada persona es un mundo para el tema del descanso. Hay gente que se duerme incluso en plena película de acción y otros que no consiguen descansar por culpa de estímulos casi imperceptibles. Lo importante es que te conozcas y aceptes que hay etapas de tu vida en las que estás más vulnerable y para no perjudicar la calidad de tu descanso deberás prestar más atención a las emociones que afectan a tu sueño.

C. Cuida los últimos pensamientos antes de cerrar los ojos

Cuidado con repasar todo lo que te preocupa dentro de la cama, intenta no anticipar todo lo negativo que ha sucedido ese día… o puede suceder al día siguiente. Enfócate en algo alegre y positivo, que te haya pasado o que te haga sonreír. Por muy malo que haya sido el día, siempre queda algo positivo a lo que agarrarse.

D. Adopta una rutina sana

La higiene del sueño se basa en que el cerebro se va preparando para entrar en las fases del sueño de forma sana. Se recomienda a los padres de recién nacidos «un ritual» antes de acostarlos por la noche para que el cerebro del bebé se vaya acondicionando para dormir. En los adultos sucede algo parecido. Una ducha, leer algo tranquilo, beber alguna infusión, meditar o rezar, escuchar música o ver alguna serie que te ayude a desconectar..., pueden ser «rituales» para preparar a tu mente antes de llegar a las profundidades del sueño.

Dos amigos o enemigos

Cuidado con el ejercicio excesivo por la noche. Igual que a algunas personas les ayuda a liberar cortisol y a descansar más profundamente, a otras les activa y les impide dormir.

Las cenas copiosas y el alcohol son agentes disruptores del descanso. Cuidado con la cafeína, el té o algunos excitantes previos al sueño.

E. Duerme sin luz

Quizá te sorprenda. Mucha gente en verano aprovecha para dormir con la ventana abierta y se despierta en cuanto los primeros rayos del sol entran por la ventana. Eso no es un problema —siempre y cuando no te importe madrugar—. Me refiero a tener alguna luz encendida en alguna parte de la habitación, desde el sensor de la televisión a tener las notificaciones activadas del teléfono o una luz en el pasillo... Por muy pequeñas e imperceptibles que dichas luces parezcan, tienen un efecto nocivo en la producción de melatonina.

6. El estado de ánimo depende de la **actitud**

La actitud previa a cualquier situación determina cómo respondo a ella. La manera en la que me enfrento a una entrevista de trabajo, a una cita amorosa, a un examen... influye de forma crucial en el resultado de las mismas. Hay gente que prefiere ir siempre «pensando en lo peor» para no ilusionarse en vano. Es cierto que de esa manera uno se sorprende en positivo al disfrutar de algo inesperado; pero sabemos que el cerebro se activa de forma impresionante al poner una actitud positiva como centro del comportamiento.

La actitud es la decisión con la que yo decido enfrentarme a la vida. Al ser una decisión, uno siempre se puede trabajar y mejorar en ello.

La actitud es un potente activador del estado de ánimo. Hay veces que uno se encuentra en un estado depresivo que no responde a actitudes de ningún tipo, pero sabemos que en cuanto una persona que sufre, enferma y presenta dolencias, emplea su mejor disposición, ¡aunque le cueste!, las cosas poco a poco mejoran y fluyen.

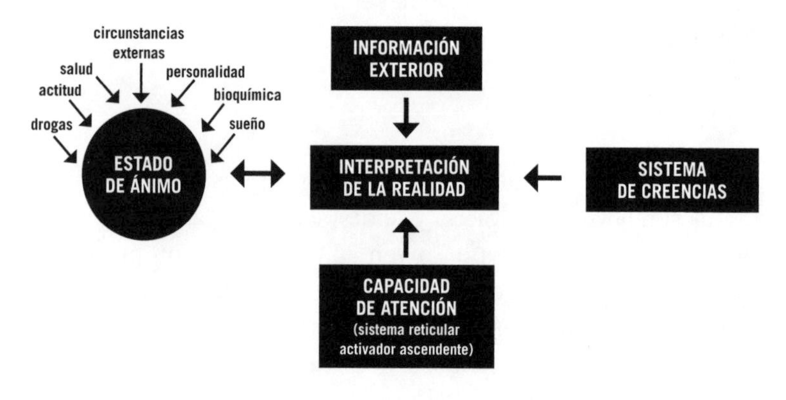

Capacidad de atención, el Sistema Reticular Activador Ascendente (SRAA)

El verdadero acto del descubrimiento no consiste en salir
a buscar nuevas tierras, sino en aprender
a ver la vieja tierra con nuevos ojos.

Marcel Proust

El sistema reticular activador ascendente es un nombre feo, pero un lugar del cerebro francamente interesante e inspirador.

Ese día, mi vida cambió. Somaly Mam

Había terminado la carrera de Medicina. Me examiné del MIR para poder elegir la especialidad. Días antes de acudir al Ministerio de Sanidad para optar a la plaza de psiquiatría en Madrid, hablé con una buena amiga de la carrera. Me propuso un plan descabellado, pero apasionante: perder la plaza —podría volver a hacer el examen un año después— y marcharme a Camboya a trabajar en una ONG en la que ella colaboraba desde hacía tiempo con su familia. Me entusiasmó la idea. Minutos antes de que mi número saliera en la pantalla del Ministerio, me levanté y me marché. Llamé a mis padres, que, estupefactos, no daban crédito a la decisión. Los siguientes días me dediqué a planear mi viaje.

No conocía a fondo la historia, ni la forma de vida de los camboyanos. Acudí a una librería de la calle Serrano, en Madrid, que tiene libros de viajes, y compré varios sobre la cultura budista, la historia de Camboya y las tradiciones del sudeste asiático. De golpe un libro llamó mi atención: *El silencio de la inocencia,* de Somaly Mam. Visualicé por encima el resumen de su vida: había sido vendida a una red de prostitución y burdeles en Camboya y había pasado más de diez años trabajando hasta que se enamoró de un cliente y pudo dejarlo.

Fundó una de las principales ONG del mundo en materia de tráfico de personas y lucha contra el abuso sexual y la prostitución. La dedicatoria está dirigida a la reina doña Sofía: «A la reina Sofía, por tu atención constante hacia los demás. Fue ella quien me dio la fuerza para proseguir mi combate».

Compré el libro, que refleja violaciones y agresiones en un mundo de vacío moral. Han sido las páginas más duras que he leído en mi vida. Nació en mí un gran interés en conocer a esa luchadora superviviente. Percibía, a través de las páginas del libro, que en parte Somaly no había logrado superar algunos de los traumas y heridas de su pasado. Cuando liberaba a alguna niña, su manera de expresarlo desvelaba un dolor que todavía no estaba sanado.

Intenté localizarla, busqué en internet. Su web, fundación... Escribí varios correos electrónicos. Nunca recibí respuesta. Supe que había estado de viaje por varios países de Europa y Estados Unidos denunciando esa lacra. Tomé la decisión de ayudarle, para lo cual necesitaba encontrarme con ella. Pondría todos los medios posibles para «topármela» en algún momento. El primer paso era obvio; había que volar a Camboya.

El recorrido planeado era Madrid-Londres-Bangkok-Phnom Penh. Llegando a Londres una tormenta retrasó el aterrizaje dos horas, por lo que perdí mi vuelo a Tailandia. Pasé la noche en un hotel del aeropuerto y, a la mañana siguiente, me reubicaron en un vuelo de otra compañía. En la puerta de embarque me avisaron de que mi equipaje se había perdido en el aeropuerto. Me plantearon esperar a que apareciera o hacer la reclamación en el lugar de destino. Me subí al avión, estaba decidida a ayudar en Camboya y la pérdida de unas maletas no lo iba a impedir.

Aterricé en Bangkok. Tras seis horas de espera, pude tomar un vuelo a Pnohm Pehn. Una vez allí, acudí apresurada a reclamar mis maletas. A mi lado, una señora camboyana reclamaba las suyas. La miré fijamente: se parecía a Somaly —¡la del libro!— pero yo nunca había visto una «cara camboyana»... Por si acaso, saqué el libro y lo puse encima del mostrador.

—Usted tiene mi libro —me dijo en inglés.

No podía creerlo, ¡era ella! Un escalofrío recorrió mi espalda. ¡Qué suerte! Le dije, de forma apresurada y nerviosa —no había dormido bien, las emociones se agolpaban...— que venía a Camboya a buscarla, que tenía una idea para ayudarla en su proyecto con las niñas. No se fio[3]. Miró a su alrededor, llevaba un tipo que actuaba de protector-guardaespaldas. Era un instante emocionante de mi vida e iba a perderlo.

—Usted quiere mucho a alguien —añadí.

[3] Somaly ha sido una mujer analizada y perseguida por las mafias y diferentes organizaciones. En los últimos años han salido artículos y entrevistas criticando su vida y su labor. En estas páginas describo de forma objetiva lo que viví, la experiencia en su fundación, las terapias en las que colaboré y mi relación personal con ella.

—¿A quién? —me preguntó.
—A la reina Sofía —contesté, y me miró con detenimiento.
—¿La conoces?
—¡Todos la conocemos!
Finalmente me sonrío amablemente y dijo:
—Este es mi teléfono, ¡llámame mañana!

Tras ese encuentro providencial conocí en ella a una auténtica luchadora volcada en ayudar a otras mujeres en su lugar, de su mano me adentré en el mundo de la prostitución y de los burdeles realizando prevención del VIH y enfermedades de transmisión sexual, terapias con niñas y jóvenes violadas y abusadas... e incluso conocí en persona a la reina Sofía y coincidí con ella en varias ocasiones, ya que estaba interesada en colaborar con Somaly.

Entré en contacto con un mundo terrible, lleno de dolor y sufrimiento físico y sobre todo psicológico. Atendía mujeres con auténticos traumas, pero recibí a cambio la satisfacción de poder ayudar, de ser útil en medio de ese inframundo, de prestar ayuda profesional y personal a gente que no tiene nada. Una experiencia así enriquece más a quien da que a quien recibe, pues ayuda a agradecer y valorar más lo que se tiene y a no dejar nunca de lado a los que sufren. Y todo por un encuentro casual en un aeropuerto reclamando unas maletas perdidas... ¿Fue suerte? Gracias a ese instante mi vida cambió. ¡Qué bien me vino perder el vuelo... y las maletas!

Sistema reticular activador ascendente (SRAA)

Cada instante nuestra mente capta varios millones de bits de información, pero únicamente presta atención a aquello que nos interesa o que forma parte de nuestras ilusiones o sueños.

Como estamos expuestos a multitud de estímulos, el SRAA es el encargado de filtrar y priorizar de entre toda esa información aquello que tiene interés para nuestros objetivos, preocupaciones e incluso nuestra supervivencia. Si tuviéramos un cerebro que asimilara y tratara todos los estímulos, acabaríamos agotados.

Cuando una mujer está embarazada y pasea por la calle, puede pensar: «¡Qué cantidad de carritos de bebé hay en mi barrio!». En realidad no hay un *boom* de natalidad. Lo que ocurre es que su cerebro está más «sensible» a ese dato. Si algo nos interesa, el cerebro hace lo posible por localizarlo de entre todos los *inputs* que recibe. Cuando buscamos pisos que se alquilan, de golpe, nuestro cerebro ve carteles por doquier. Si estamos interesados en un modelo de coche de pronto nos lo topamos en todos los semáforos... Probablemente muchos de esos carteles o coches estaban ahí desde hace tiempo, pero no tenías la intención o capacidad de verlos. Tu cabeza estaba en otros menesteres.

Si ansías algo con fuerza, serás capaz de visualizarlo.

Ello no significa que por el mero hecho de desear algo vaya a ocurrir al día siguiente. De lo que se trata es de darle al cerebro objetivos e ilusiones para estar abiertos a ellos si pasan a nuestro lado. El problema es que mucha gente desconoce lo que «ansía», incluso simplemente se deja llevar. A la mayor parte de las personas que no le suceden cosas interesantes en su vida es por una razón muy sencilla: no saben qué quieren que les suceda.

Imagina, piensa y sueña a lo grande; actúa en lo pequeño.

Usa de forma sana tu imaginación. Si deseas algo —con cierto realismo— de verdad y lo imaginas con fuerza, puedes conseguirlo. Deja tu corazón volar, haz un plan de acción y ejecútalo. El plan es fundamental: sin plan ni objetivos a corto plazo, las cosas buenas no se logran. En palabras de Bernard Shaw, no pasa nada por hacer castillos en el aire, siempre y cuando seas capaz de construir cimientos bajo ellos. Usa tu imaginación. Sueña. Neurobiológicamente, suceden cosas impresionantes en el cerebro cuando imaginas algo con fuerza y con ilusión. Tu cerebro experimenta un cambio, ya que induces un estado emocional que tiene la capacidad de modificar el normal proceder de tus neuronas.

Uno atrae lo que le va sucediendo en la vida.

Enfócate en lo que deseas de verdad, usa tu pasión para ilusionarte en un proyecto grande —¡o pequeño!— pero que despierte lo más profundo de tu ser, y comenzarás a sentir que algo sucede en tu interior. Ganas en seguridad, en confianza, en alegría...

Todo ser humano, si se lo propone, puede ser escultor de su propio cerebro (Santiago Ramón y Cajal).

Tu mente y tu cuerpo se transforman cuando perciben que algo bueno puede acontecer. No se trata de obsesionarte con lograr un objetivo exacto —la vida no siempre te lleva por donde tú quieres—, sino en conseguir un estado mental que te dirija a sacar TMV —Tu Mejor Versión—[4]. Recuerda que obcecarte con una meta puede conllevar el efecto contrario, es decir, no visualizar alternativas interesantes que surgen en tu vida porque únicamente estás enfocado en lograr algo muy específico y concreto. A veces hay que tomar distancia, obtener una visión más global y, quizá, apuntar hacia una meta distinta. En la vida recibimos constantemente «señales» —cada uno puede denominarlas como más le convenga— para encontrar un camino adecuado y poder entonces desarrollar nuestra mejor versión.

Consejos para potenciar tu SRAA

— Cada mañana, cuando te levantes, en la cama o después, durante el café, busca un objetivo para ese día. Puede ser desde algo insignificante (hablar con alguien, mantener una

[4] En el capítulo 9 hacemos una pequeña ecuación de TMV.

conversación o una llamada...) o un desafío más importante que te ilusione (lo que pondrá tu cerebro en estado emocional óptimo).

— Imagínate consiguiendo ese desafío, con ilusión, paz y confianza. Siéntelo, gózalo y disfrútalo. Unos instantes, únicamente. Cuidado que la imaginación no te juegue una mala pasada perdiendo el tiempo en las nubes.

— Piensa un primer paso para acercarte a ello, haz un plan breve.

— ¡Ánimo! Estás cerca de conseguirlo, ¡has activado tu SRAA para que sea más sencillo lograrlo!

Es fundamental abrir la mente. Si no activamos nuestra atención —¡y el SRAA!— no veremos las posibilidades que se despliegan. Si en cambio vamos con actitud receptiva, optimista y con fe, seremos capaces de entender lo que nos sucede para darle un significado a nuestras experiencias.

Tenemos un problema, y es que... ¡en este mundo ya no prestamos atención a lo que nos sucede y no nos sorprendemos por nada! La sociedad de hoy precisa volver a mirar la realidad con detenimiento y curiosidad; si observas cualquier cosa con atención, al poco rato se convierte en algo interesante. Esto requiere pararse y ser capaces de escuchar el silencio. ¡El silencio no es la ausencia de sonido! Es la capacidad de mirar hacia adentro con paz, rompiendo con el barullo exterior.

Trata de ir por la calle con un niño y te darás cuenta de todo lo que activa su atención. Desde mi casa a la guardería de mi hijo pequeño hay menos de quinientos metros. Cuando le llevo tardo casi media hora y vuelvo en menos de cinco minutos. ¿La razón? Existen múltiples «distractores» que atraen su atención: coches de policía, camiones de la basura, gente en moto, aviones, luces de colores, escaparates, música a todo volumen que sale de un automóvil, personas desconocidas con las que se cruza y a las que saluda...

Aprender a volver a mirar la realidad

Saber mirar es saber amar.

Enrique Rojas

Observa y deléitate con la realidad que te rodea, verás cómo esta siempre es atractiva de una u otra forma. Mirar con atención devuelve el interés y la fascinación ante la vida. Debemos aprender a mirar la realidad con ojos nuevos, con ternura, sin dureza. ¿Qué hace falta para eso? Detenimiento y asombro.

Te lo recomiendo: vuelve a mirar tu trabajo, tu familia, tus hijos, tu casa… ¡con asombro! Quizá te atrape algún detalle al que sin querer te has habituado, o puede que redescubras cosas positivas que habías pasado por alto. Esto es especialmente importante en las relaciones; mira a tu marido o mujer como si fuese la primera vez, fíjate en su fisonomía, en su lenguaje corporal, profundiza en su mirada, en la forma que tiene de tratar a los demás y a ti mismo… no te acostumbres nunca a la persona de la que te enamoraste. Que no te venza la rutina exige atención.

Si miras la realidad con indiferencia o hastío, dando todo por sentado, sin detenerte en los matices, lo más probable es que te atasques siempre en lo mismo, que te quedes constantemente con lo negativo, lo difícil, lo que no tiene solución sencilla.

El caso de Emilia

Emilia es una mujer divorciada desde hace ocho años. Llevaba veinte con su marido, Juan, un tipo del que estaba muy enamorada. Tenían tres hijos adolescentes de diecinueve, diecisiete y dieciséis años. La relación iba bien, se respetaban y querían, con los altibajos propios de cualquier matrimonio, pero globalmente eran una pareja estable.

Juan, por temas de trabajo, comenzó a viajar mucho por Estados Unidos. Pasaba largas temporadas entre Nueva York, Miami y Los Ángeles. Emilia lo acusaba, porque se había acostumbrado a tener una pareja sólida, y notaba que el trato se estaba enfriando. Efectivamente, un día Juan sentó a Emilia a la vuelta de un viaje y le dijo que se había enamorado de otra persona. Emilia intentó disuadirle, convencerle, le llevó a varios terapeutas pero Juan ya tenía la decisión tomada. La otra chica era joven, veintisiete años, y esperaban un hijo juntos. Emilia se dio cuenta de que, aun queriendo, le sería imposible perdonarle.

Los primeros cuatro años fueron un infierno para ella, sufría, lloraba y pasó por una depresión severa. Tras seguir un tratamiento farmacológico, mejoró y le fue retirada progresivamente la medicación.

Cuando acude a mi consulta, como decía, han pasado ocho años desde la separación. Viene acompañada de su hija mayor, de veintisiete años, residente de Medicina en un hospital de Madrid. Me comenta que su madre no ha vuelto a ser la que era y que, a pesar de los años, no ha recuperado la ilusión por nada. Me explica que siempre tiene un comentario negativo para todo el mundo, juzga a todos con dureza y su mirada hacia el exterior es de desprecio. Niega estar triste o deprimida y únicamente habla para criticar o juzgar a otros. Se fija en los detalles más nimios y todo es mejorable en su entorno. Va a ser abuela en pocos meses y sus hijos están preocupados por su actitud.

Cuando hablo con Emilia me encuentro con una mujer «enfadada con la vida». Desde el primer instante se queja del clima, del tráfico en Madrid y de que sus hijos son muy demandantes. Durante la hora que dura la entrevista, no consigo que me hable bien de nada ni nadie. Le pregunto por su casa en la playa —la hija me cuenta que es un lugar precioso y muy agradable— y me comenta que se acumula mucho polvo durante el año y que ya no disfruta yendo en verano.

Al preguntar por su hija, la que va a ser madre, me dice:

—Que no cuente conmigo para ayudarle cuando nazca, yo ya le dije que era muy joven para tener hijos ahora.

La hija que la acompaña a la consulta me confirma que estuvo deprimida de verdad —lloraba a todas horas y se pasaba días en la cama—, pero que lo que ahora prima en su conducta son las quejas constantes.

Le explico a Emilia la importancia de volver a mirar su realidad con otros ojos. Me contempla sorprendida. Afirma sin titubear:

—Soy completamente objetiva.

Le insisto en que la felicidad depende de la interpretación que uno hace de su realidad. Le hago su cuadro de personalidad de felicidad y creencias y le explico que se ha asentado en un rol donde la crítica y el juicio reinan por doquier. Es incapaz de visualizar las cosas buenas o mirar su entorno con asombro, compasión y delicadeza.

Comenzamos una terapia que duró diez meses. Le ayudé a superar las heridas del pasado, a no odiar tanto el presente y a ser capaz de ilusionarse con el futuro. No fue fácil, pero hoy es consciente de que su problema radicaba en cómo interpretaba su realidad. Su capacidad de atención, como ella misma definía, «estaba infectada».

El optimista te mira a los ojos, habla de corazón a corazón; el pesimista mira el suelo, encoge los hombros y se olvida de comunicar con el corazón.

Fija tu atención. Busca concentrarte.

El filósofo español por antonomasia, José Ortega y Gasset, poseía una de las mentes pensantes más importantes de los últimos tiempos. El autor de «yo soy yo y mi circunstancia» tenía serios problemas para concentrarse debido a la cantidad de ideas que se agolpaban en su cabeza. Para alcanzar el estado mental que requería para sus escritos, precisaba el «ensimismamiento», mediante el cual se abstraía del mundo exterior. Paseaba por su inmenso pasillo vacío, casi a oscuras. Cuando lograba poner en orden sus pensamientos, se sentaba en su escritorio a plasmar sus ideas con una tela negra en la pared a la altura de sus ojos. Así se mantenía inspirado, como en la situación del pasillo.

¿Qué técnica empleas cuando precisas concentrarte de verdad?

¡Sube la mirada, suelta el móvil de tus manos, contempla con ojos nuevos y con tu corazón esperanzado de que algo te puede asombrar!

Hoy en día el Sistema Reticular Activador Ascendente (SRAA) se encuentra bloqueado. Uno de los principales motivos es la pantalla. Resulta muy difícil prestar atención a «las cosas buenas» que surgen a nuestro lado. Dominar la atención es clave. Hay que aprender a desviar los estímulos que llegan sin parar a los sentidos y prestar atención a lo que realmente vale la pena.

Neuroplasticidad y atención

La neuroplasticidad se encarga de «recablear» las conexiones neuronales, desde el establecimiento de nuevas conexiones entre las células a los fenómenos de adaptación del cerebro a los cambios, circunstancias y desafíos.

Diversos factores como el estrés, las enfermedades, la genética, las infecciones, los traumas o los accidentes…, influyen de forma negativa en dicha capacidad. Cuando activas tu SRAA, algunas neuronas se conectan y facilitan que, ante la multitud de estímulos, seas capaz de captar lo más importante y necesario.

Esculpimos en tiempo real el cerebro
según a qué atendemos y prestamos atención.

Las neuronas trabajan en nuestra mente según cómo está enfocada la atención. Cuando no eres capaz de controlar el foco de tu atención, cuando no puedes concentrarte de forma adecuada, la eficiencia de tu proceso de toma de decisiones se ve gravemente afectada. La buena noticia es que podemos «desmontar» los automatismos mentales que nos distorsionan para redirigir la atención hacia lo que realmente queremos. La atención es un acto de la voluntad y, por tanto, puede ser adiestrada.

Para dominar la voluntad, hace falta ser maestros de nuestra atención.

Ahora comienza a...

— Entrenar tu atención; intenta fijarte en cosas positivas de tu entorno.
— Saborear el momento presente. Digo saborear porque, a veces, nos acostumbramos a las sensaciones (provenientes de los sentidos) y no les prestamos atención. Si comes una naranja, un plátano o un trozo de jamón, disfrútalo. Esfuérzate en sentir su olor, textura y sabor. En un parque, atrévete a cerrar los ojos y enfocarte en tus sentidos del oído y el olfato. Con la música, que no solo sea para distraerte, no la oigas, escúchala.
— Decidir. Toma las riendas de tu vida. Observa algo valioso, objetivamente bueno, de tu entorno y, durante un minuto, repite cosas positivas sobre ello. Te sorprenderás. Prueba a hacerlo con personas, con sucesos, con circunstancias... Hay mucho bueno que no percibes porque tienes bloqueada esa zona de tu mente. No olvides que la mente y el cuerpo están profundamente unidos.
— La medicación ayuda, pero nunca es la única solución a tus problemas. Te empuja a mejorar, pero precisas trabajar tu mente para no recaer.

6
Las emociones y su repercusión en la salud

¿Qué son las emociones?

Son estados afectivos de más o menos intensidad, la respuesta que ofrece el cuerpo a las circunstancias de vida, a los eventos de nuestro día a día, a nuestra subjetividad, que muestran la manera de ser y expresan la forma en que nos sentimos.

Unos mismos hechos pueden originar diferentes emociones, las cuales dan color y sabor a los acontecimientos de nuestra vida. Pero las emociones también están relacionadas con la salud física y mental. Por ejemplo, si digo «me siento bien», experimento bienestar y paz; si afirmo «me siento sano», mejoro mi salud; y si por el contrario manifiesto «me siento solo», experimento soledad.

La psicología positiva

El término psicología positiva fue acuñado por el psicólogo estadounidense Martin Seligman en 1998. Existen dos formas de responder ante los eventos: son las emociones positivas o negativas. Según la que domine y mande, nos sentiremos de una u otra manera. Entremos más en profundidad. Las más estudiadas a lo largo de la historia han sido las emociones negativas —el dolor, la angustia, la ansiedad, la rabia, la soledad...—. En los últimos años desde la ciencia cada vez se indaga más sobre las emociones positivas, especialmente tras la relativamente reciente aparición de la psicología positiva.

Otro científico interesante es Richard J. Davidson, doctor en neuropsicología y fundador y presidente del Centro de Investigación de Mentes Saludables en la Universidad de Wisconsin-Madison. Allí investiga emociones, conductas y cualidades positivas del ser humano como son la amabilidad, el afecto, la compasión y el amor. Todo ello comenzó tras conocer al Dalái Lama en el año 1992, quien le hizo una pregunta:

—¿No os habéis planteado nunca indagar en vuestros estudios sobre la mente en la amabilidad, la ternura o la compasión?

Desde entonces indaga sobre emociones positivas en el ser humano. Su lema es «la base de un cerebro sano es la bondad».

Un estudio con participantes sorprendentes

Los doctores David Snowdon y Deborah D. Danner llevaron a cabo un estudio con ciento ochenta monjas católicas en Estados Unidos que habían escrito notas autobiográficas a una edad media de veintidós años. Dichas monjas fueron analizadas sesenta años después. Los investigadores hallaron una correlación entre las emociones positivas vertidas en esas notas autobiográficas y la longevidad: el 90 por 100 en las que se habían cuantificado mayor número de emociones positivas seguía con vida a los ochenta y cinco años, y esto solo sucedía en el 34 por 100 de las que habían mostrado menos emociones positivas. En una evaluación posterior, el 54 por 100 de las que más emociones positivas mostraron seguían vivas a los noventa y cuatro años, mientras que del grupo con menos emociones positivas solo sobrevivía el 11 por 100.

También descubrieron que las monjas que expresaban más pensamientos o tenían una mayor riqueza de vocabulario tenían una menor posibilidad de desarrollar algún tipo de demencia senil pasados los ochenta y cinco años, edad en la que el riesgo de alzhéimer está en torno al 50 por 100.

El estudio continuó incluso tras la muerte de las participantes en el estudio, ya que la gran mayoría donaron su cerebro para que pudiera ser analizado con posterioridad. En este sentido, el mayor descubrimiento fue que no había una relación clara entre patología y síntomas, es decir, que monjas cuyos cerebros presentaban daños graves habían mostrado un buen estado de salud física y mental, y a la inversa: se encontraron tejidos intactos en monjas que habían mostrado claros síntomas de algún tipo de demencia senil. También se descubrió que los cerebros más sanos se correspondían con los de las monjas que vivieron más de cien años.

Resulta curioso saber que el profesor Snowdon comenzó el estudio de forma completamente casual. Acudió al convento para indagar sobre los hábitos alimenticios de la comunidad religiosa y sus efectos en el envejecimiento. Ya allí, se sorprendió al darse cuenta de que era un grupo de estudio interesante con características idóneas para ser estudiado —con niveles de estrés bajos, sin tabaco ni alcohol...—. En ese lugar llegaron a vivir siete monjas con más de cien años: eran denominadas «las siete magníficas». El estudio recibió una subvención oficial de unos cinco millones de euros debido al interés que suscitó.

> Llegamos a una conclusión muy interesante: la senilidad y el envejecimiento mental no parecen inevitables, aunque seamos muy ancianos. La clave parece residir en las emociones positivas.

Las principales emociones

Múltiples autores han ahondado en esta cuestión matizando las emociones y estudiándolas en diferentes países y sociedades para llegar a un acuerdo. El psicólogo estadounidense Paul Ekman —asesor en la película *Del revés* de Pixar— estudió a fondo las emociones y la manera en que demostramos aquello que estamos sintiendo: la expresión facial o corporal que acarrean. ¿Por qué al sentirnos tristes nos encogemos de hombros? ¿Por qué gesticulamos de manera diferente al experimentar asco o miedo?

Paul Ekman creó lo que se conoce como Sistema de Codificación Facial de Acciones (FACS, por sus siglas en inglés), una taxonomía que mide los movimientos de los cuarenta y dos músculos de la cara, así como los de la cabeza y los ojos. Así estableció en 1972 que había seis expresiones faciales universales que relacionó con las que para él son las seis emociones básicas o primarias: ira, asco, miedo, alegría, tristeza y sorpresa.

Las moléculas de la emoción

Entramos en un campo apasionante. La neurocientífica estadounidense Candace B. Pert, fallecida en 2013, directora del NIMH (Instituto Nacional de Salud Mental de Estados Unidos) y autora del *best seller Molecules of Emotion (Las moléculas de la emoción)* sobre el efecto de estas en la salud, provocó una verdadera revolución con sus estudios en torno a la conexión mente-cuerpo. Fue ella quien descubrió el receptor opioide.

Pasemos a explicar de forma sencilla su descubrimiento. Los receptores opioides se encuentran en la superficie de la membrana celular y se unen de forma selectiva a moléculas específicas —tipo llave-cerradura—. Esas moléculas que llegan a los receptores son los denominados neuropéptidos. Estos últimos son los sustratos básicos de la emoción.

Lo interesante es que cada emoción activa la producción de estos neuropéptidos. Cuando el receptor de la membrana recibe esa molécula —neuropéptido— de la emoción, transmite un mensaje al interior. Este mensaje tiene la capacidad de alterar la frecuencia y bioquímica celular afectando su comportamiento.

¿A qué nos referimos con el comportamiento celular? Desde la generación de nuevas proteínas o la división celular, a la apertura o cierre de canales iónicos... o incluso la modificación de la expresión epigenética —¡genes!—. Es decir, estos neuropéptidos actúan como mecanismos que alteran nuestra fisiología, comportamiento e incluso genética. Parte de la «historia» de una célula deriva de las señales que los neuropéptidos de la emoción mandan a la membrana.

Según palabras de la propia doctora Pert, «los neurotransmisores llamados péptidos llevan mensajes emocionales. A medida que cambian nuestros sentimientos, esta mezcla de péptidos viaja por todo el cuerpo y el cerebro. Literalmente están cambiando la química de cada célula del cuerpo».

Debido a estos y otros descubrimientos es considerada la fundadora de lo que hoy se denomina psiconeuroinmunología.

La enfermedad está, por lo tanto, asociada de forma ineludible a las emociones. Cuando una emoción se expresa, el organismo responde. Cuando una emoción es negada o reprimida, esta se queda atrapada, perjudicando seriamente al individuo. Como dice Pert, toda emoción tiene un reflejo bioquímico dentro del cuerpo.

Quien se traga las emociones, se ahoga

Ya lo dice un refrán español: quien mucho traga, al final se ahoga. Durante estas páginas hemos ido descubriendo la importancia que tienen los pensamientos y emociones en nuestra salud y conducta. Veamos un ejemplo concreto.

Si alguien me dice: «Vas horriblemente vestida»; yo puedo reaccionar de diferentes formas.

— Respondiendo: «Tú sí que eres horrible».
— Tragándome toda emoción, quedándome resentida, triste y dándole vueltas: «¿Por qué me habrá dicho esto?; tam-

poco soy tan horrible… ¿Qué tendrá contra mí?, ¿tendría que haberme vestido de otra manera?».
— Bloquear y anular lo sucedido, sin pensarlo, ignorarlo.
— Responder algo tipo: «A mí me gusta, siempre he tenido gustos originales y distintos».

Cada respuesta tiene un impacto diferente en el cuerpo, en cada célula y, por supuesto, en la mente. En el primer caso —cuando respondo de forma impulsiva, directa e incluso un poco agresiva—, quizá mi organismo no se altere, pero acabo perdiendo amigos y rompiendo o dificultando mucho relaciones personales. La segunda y la tercera me enferman. Estoy silenciando y bloqueando emociones negativas, y eso tiene repercusión sobre mi salud física y psicológica. Freud lo explicaba de esta manera: «Las emociones reprimidas nunca mueren. Están enterradas vivas y saldrán a la luz de la peor manera». La última respuesta es la más sana. No siempre es posible actuar y responder de la mejor manera posible. A veces la propia personalidad o las circunstancias nos hacen actuar de forma inesperada o inadecuada, y solo somos conscientes de ello tiempo después.

Vivimos en una sociedad que nos incita a bloquear y anular las emociones. Esto se debe a que parece que sentir o emocionarse es un signo de debilidad o de falta de fortaleza. Incluso en ocasiones parece que resulta inadecuado y poco apropiado expresar lo que uno siente, sobre todo si tiene un componente emotivo.

Los que nos dedicamos al mundo de la mente y las emociones sabemos que reprimir una emoción equivale a no aceptarla. Se quedan encajadas y enquistadas en el subconsciente. Lo lógico es que afloren de una u otra forma en otro momento de nuestra vida, perturbando entonces profundamente nuestro equilibrio. Un ejemplo claro son las depresiones que acontecen en el embarazo o puerperio, momentos de gran vulnerabilidad en la mujer.

Si uno guarda lo que siente por miedo a lo que piensen los demás, por temor a quedar en ridículo o por incapacidad para expresarlo, eso termina causando un daño. Las emociones se acumulan y nos perjudican; son como sombras que perturban nuestro cuerpo y nuestra mente.

Aprende a expresar tus emociones

Cuando uno no es capaz de hacerlo, a veces espera que sea la otra persona la que se dé cuenta del daño cometido. La realidad es que, la mayoría de las veces, los que juzgan, critican o hieren no lo hacen con maldad. Incluso ignoran el daño que causan a otros. Existen personas que disfrutan ofendiendo y agraviando a otros, pero son los menos. En estos casos hablamos, por ejemplo, de personas con trastornos de personalidad severos. El afectado por un trastorno antisocial, comúnmente llamado psicópata, disfruta haciendo daño a otros y lo realiza con intencionalidad de herir.

Por otro lado, existen personas con una alta sensibilidad y vulnerabilidad a los comentarios y actos de otros. Poseen una piel psicológica excesivamente fina y hay que tratarlas con esmero porque a la mínima se sienten ofendidas.

El caso de Beatriz y Luis

Beatriz y Luis llevan seis años casados. Tienen tres hijos pequeños, el mayor de tres años y dos mellizos de un año. Luis es un arquitecto que durante muchos años trabajó y viajó bastante, pero tras la crisis económica ha sufrido de forma considerable; ha cambiado de trabajo y ahora acepta proyectos tipo *freelance* para mejorar su sueldo. Luis es directo, impulsivo, rápido y eficiente, perfeccionista: se fija en los detalles y le gusta que todo esté bien. Ve las cosas con claridad y expresa en todo momento lo que siente. Beatriz es decoradora —se conocieron en un proyecto de remodelación de un edificio de interés cultural en el norte de España y al poco se hicieron novios y se casaron—. Ella viene de una familia donde es la mayor de cuatro hermanas. Tiene una relación muy próxima con sus hermanas y con su madre. Siempre ha sido muy sensible. Su padre estuvo enfermo muchos años por un problema renal y ella ha ayudado siempre a su madre en todo. Tiende a «tragarse» todo lo malo que sucede para no preocupar a nadie en exceso.

Beatriz acude a mi consulta porque desde hace unos meses está triste, apática y sin fuerzas. Lo relaciona con el nacimiento de los mellizos, pero ya han cumplido el año y sigue sin levantar cabeza. No consigue disfrutar con nada y en algunos momentos del día, cuando Luis está trabajando, se encierra en su cuarto a llorar. Intenta disimular delante de sus hijos.

Cuando su marido vuelve a casa, cansado y ligeramente irritable —cuesta más ganar el dinero—, ve juguetes por el suelo, la casa desordenada y a los niños llorando y exige a gritos que todo se ponga en orden rápidamente y que los niños cenen rápido y no hagan ruido porque quiere meterse en el salón a ver las noticias sin nada que lo moleste.

Beatriz, callada, no dice nada, ordena, limpia, prepara la comida... y, cuando tiene a los niños acostados, solo quiere llorar. Luis no se da cuenta, está en lo suyo, en sus preocupaciones, y Beatriz no le dice nada. Nada, porque no sabe decirlo, no sabe expresarlo.

El día que Beatriz llega me dice que hace unos días le han diagnosticado de síndrome de colon irritable[1]. Le realizo una entrevista completa donde me cuenta la historia familiar. Recono-

[1] El síndrome del intestino irritable (SII) se caracteriza por dolor abdominal y cambios en el ritmo intestinal. Se desconoce exactamente el mecanismo aunque se sabe que tiene un componente emocional-psicológico importante. El intestino está conectado con el cerebro de varias maneras a través de procesos neurológicos y hormonales. Ante el estrés, las preocupaciones o la tristeza, estos receptores se vuelven más sensibles empeorando la sintomatología. Es más frecuente en mujeres. Se diagnostica cuando la persona tiene al menos sintomatología tres días al mes durante tres meses o más. Consiste en dolor abdominal, sensación de hinchazón y distensión, gases y cambio en los ritmos —tanto diarrea como estreñimiento—.

ce no haber sabido jamás enfrentarse a su marido, ni a nadie cercano, para evitar conflictos. Prefiere la armonía aparente a replicar o decir que algo no le parece bien. En los últimos tiempos, asocia vértigos y mareos, aparte de la sintomatología digestiva. Psicológicamente admite no disfrutar con nada, tiene fallos de memoria y dificultad para concentrarse.

Cuando hablamos con su marido, Luis no entiende qué la puede haber llevado hasta esta situación. Explica que su mujer es una persona de gran corazón y que jamás se enfada. Reconoce que él tiene un carácter explosivo, pero que su mujer «le lleva muy bien». Explico a cada uno por separado, en forma de esquema, cómo funciona su mente, sus emociones y sus comportamientos tras los estímulos externos; a Beatriz tras los gritos e impaciencias de él, y a él tras las frustraciones por temas económicos y profesionales. Les uno el esquema de personalidad del otro para que se entiendan y les oriento con pautas muy concretas para mejorar la relación.

Tras unos meses de terapia, Beatriz está mejor. Le pauto una medicación antidepresiva para mejorar el estado de ánimo, que le ayuda a regular los síntomas físicos. A Luis, un estabilizador del ánimo para bloquear los momentos de impulsividad. Tras la psicoterapia, mejora la relación de forma significativa. Cada uno entiende mejor cómo funciona el otro, pero, sobre todo, aprenden a gestionar sus emociones de forma más sana.

Por lo tanto… Si no expresamos cómo nos sentimos, existe una gran probabilidad de que la persona que tengamos enfrente no sea consciente del daño que nos causa. Las mujeres, en general, son más sensibles que los hombres, y al darle a todo más vueltas, sufren más, con el agravante de que en muchos casos sus maridos —por falta de tiempo, atención, aptitud o todas ellas— no sabe leer los sutiles signos externos con los que a veces intentan comunicarse. Los hombres suelen ser menos emotivos y más prácticos. En la cultura de hoy, la mujer tiene mayor capacidad de enseñar a amar, a sentir y a expresar que el hombre. Por supuesto, como en todo, existen excepciones a la regla, pero esta suele ser la dinámica más frecuente que encuentro en consulta.

No digo que sea bueno decir lo primero que se nos pase por la cabeza o sintamos, pero tampoco es saludable omitir toda conversación con quien convivimos sobre algo que nos esté haciendo daño. Lo importante es alcanzar el equilibrio entre las situaciones en las que es necesario expresarse emocionalmente, y aquellas otras en que es mejor callar para salvaguardar nuestra paz interior y armonía exterior.

¿Qué sucede con las emociones reprimidas?

Decíamos que vuelven por la puerta de atrás en algún momento en forma de enfermedades físicas o psicológicas. Consideramos personas «neuróticas» a aquellas que, al no haber sido capaces de manejar sus emociones de forma sana, se quedan enquistadas en el pasado. Se machacan por eventos, pensamientos o sentimientos no superados o mal digeridos, y eso transforma su carácter en algo enfermizo y desgastante.

Ya hemos visto cómo las emociones positivas favorecen la longevidad, previenen la aparición de enfermedades o contribuyen a su curación. Las emociones negativas, por el contrario, pueden favorecer la aparición de enfermedades.

El caso de Emilio

Emilio acude a mi consulta un día para conocer el diagnóstico y tratamiento de su hija de catorce años que lleva en terapia varios meses por *bullying*, y que ha derivado en problemas anímicos y alteraciones de comportamiento.

Evita acudir a las sesiones con su mujer porque no considera necesaria la terapia de su hija, y todo lo relacionado con la psicología le parece absurdo e inútil. Me saluda fríamente y se sienta. En estos casos intento tratar asuntos triviales hasta que percibo que se ha generado un ambiente cordial. A los minutos, comienzo a hablarle de su hija y de lo mucho ella le admira y le quiere. De repente, noto que se le quiebra ligeramente la voz y cambia de tema.

—¿Te has emocionado? —le pregunto.

—No me gusta emocionarme ni sentir nada con intensidad. Eso es señal de debilidad y los sentimentales no llegan lejos en la vida.

—¡Ay! Gran error. Sentimentalismo y emotividad no son lo mismo.

Tras ese día comienza una terapia muy interesante con Emilio. Nos zambullimos en su biografía. Proviene de una familia adinerada, el padre es americano y la madre española. Su madre es fría, poco emotiva y nunca ha permitido expresiones de afecto en el entorno familiar. En su casa nunca ha percibido entre sus padres un gesto afectivo, un abrazo, una caricia o incluso un «te quiero».

De pequeño tenía un vecino con el que hablaba mucho, pero cambió de ciudad y no volvió a confiar plenamente en nadie. Curiosamente, el día que habla de ese vecino, al que lleva más de treinta años sin ver, se emociona y llora. Ya le he explicado que la consulta es el lugar apropiado para llorar. Nadie le juzga, nadie le critica. Las lágrimas son una fuente poderosa de liberación de angustia.

¿Qué produce llorar?

No olvidemos que la única especie que llora por motivos emocionales es el ser humano. Cuando alguien observa a otro llorar, es frecuente que se activen en el interior del observador emociones o conductas prosociales que le llevan a empatizar con la otra persona. Por lo tanto, cabe pensar que en algún momento de la historia, en la evolución del *Homo sapiens,* las lágrimas se transformaron en una forma de expresión del estado emocional de la mente.

El cuerpo produce más de cien litros de llanto al año de media. Si pensamos en todas esas personas que no recuerdan la última vez que lloraron, existen para compensar otros que lloran litros y litros de lágrimas.

Existen tres tipos de lágrimas: las basales —sirven para mantener la hidratación del ojo—, las protectoras —brotan ante agresiones físicas, motas de polvo, gases...— y las emocionales.

El llanto de tipo emocional se activa cuando el organismo percibe un estado de alerta —tristeza, angustia, peligro— y envía las lágrimas a los ojos como reacción ante ello. De igual modo, se produce un aumento del ritmo cardiaco y un sonrojo de las mejillas.

Los beneficios de una buena llorera

En el año 2013 comenzó en Japón una terapia denominada *rui-katsu*, que se traduce como «buscando lágrimas». Japón es por motivos culturales e históricos uno de los países del mundo con menor educación en el campo afectivo. No se les permite expresar emociones socialmente. Esta técnica les ayuda a liberar tensiones, emociones reprimidas y recuperar el equilibrio.

Se trata de una terapia de grupo basada en el llanto. Evitan hacerlo a solas por la semblanza con los estados depresivos donde uno se encierra para llorar y desahogarse. El primer *rui-katsu* fue organizado por un antiguo pescador japonés, Hiroki Terai, en el año 2013.

El proceso es el siguiente: se proyectan en una sala, con un público de unas veinte o treinta personas, vídeos, anuncios o cortometrajes con una elevada carga de emotividad hasta que se consigue que las personas rompan a llorar. La duración es de aproximadamente cuarenta minutos. El resultado es que las personas salen despejadas, aliviadas y con una franca mejoría de su estado de ánimo.

El investigador William Frey estudió hace unos años el componente bioquímico de la lágrima tras llorar de forma intensa por angustia o tristeza excesiva. Encontró niveles elevados de cortisol. Esta es la razón por la cual tras un ejercicio de llanto uno se siente liberado. Descarga tensiones y desasosiegos al deshacerse de cantidades importantes de cortisol.

Principales síntomas psicosomáticos si bloqueamos las emociones

Cuando las emociones se transforman en enfermedades físicas estamos ante lo que se denomina enfermedad psicosomática —*sique* 'mente', *soma* 'cuerpo'—. Una enfermedad psicosomática es una afección que se origina en la mente pero desarrolla sus efectos en el cuerpo.

Cuando una persona pasa por una situación de vergüenza o de bochorno, se enrojecen sus mejillas. Es un acto involuntario y no se puede alterar de forma consciente. En una discusión entre dos personas puede subir la presión arterial. Antes de una conferencia, un examen o una exposición, uno puede sentir taquicardia e hiperhidrosis —sudoración excesiva—.

La gente que sufre de estrés crónico, ansiedad o depresión en un porcentaje alto padece síntomas físicos como pueden ser migrañas, dolores de espalda, contracturas, alteraciones gastrointestinales u otras manifestaciones como vértigo, mareos y hormigueos. El problema surge cuando la enfermedad que se instala en el cuerpo es de mayor gravedad, desde gastritis con úlceras asociadas que requieren intervenciones quirúrgicas, hasta enfermedades neurológicas u oncológicas incapacitantes.

Los principales trastornos psicosomáticos están:

- — Relacionados con el sistema nervioso: migrañas, dolores de cabeza, vértigos, náuseas, hormigueos (parestesias) y parálisis muscular.
- — Relacionados con los sentidos: visión doble, ceguera transitoria y afonía.

— Relacionados con el sistema cardiovascular: taquicardias y palpitaciones.
— Relacionados con el sistema respiratorio: opresión en el pecho y sensación de falta de aire.
— Relacionados con el sistema gastrointestinal: diarrea, estreñimiento, reflujo, acidez, globo faríngeo y dificultad para tragar.

No olvidemos algo esencial: mucho antes de enfermar, el cuerpo nos ha ido mandando señales de alerta en forma de molestias, debilidad o dolencias. La enfermedad en estos casos es un mensaje que envía el cuerpo, que no cesa de comunicarse con nosotros, ansiando lograr el equilibrio y la paz.

Al vivir en la era de la velocidad y de las prisas, donde todo se desarrolla a un ritmo tan intenso, no conectamos con nuestro interior y no sabemos o no podemos dar voz a esos síntomas que nos están alertando de que algo no funciona.

Esos indicadores son fundamentales para evitar la ulterior enfermedad o al menos para frenar el empeoramiento de los síntomas. El cuerpo posee una doble función: por un lado, escucha todo lo que dice nuestra mente y, por otra parte, nos habla a través de dolores, malestares, inquietud psicológica o trastornos.

Suelo decir que la ansiedad es la fiebre de la mente y del alma, y nos avisa de que el entorno es hostil o de que estamos sometiendo al organismo a un exceso de actividades, emociones o situaciones con las que no puede lidiar. Por lo tanto, esos procesos de molestias o dolores —¡cada uno conoce los suyos!— nos piden a gritos que tomemos conciencia de lo que nos está perjudicando, de lo que está suponiendo una amenaza o de algo que resulta un exceso para el cuerpo y la mente.

> Ignorar las señales es el primer paso
> hacia la debilidad y desequilibrio de nuestra salud.

Algunas molestias pueden ser debidas a malas costumbres como la alimentación, la mala higiene del sueño, un exceso de sedentarismo o incorrectas posturas del cuerpo. Si somos capaces de hacer un buen examen de nuestra vida, con honestidad, sin buscar una perfección que aporte más angustia que paz, estaremos en el buen camino. Hay que permitirse un rato para analizar nuestra vida, considerar lo que estamos logrando: nuestros objetivos y metas. Observar y sentir físicamente nuestro cuerpo, averiguar si nos está mandando alguna señal y vislumbrar cuáles pueden ser las causas. A veces la ayuda de un profesional, un médico o una persona que conozca el cuerpo y su conexión con la mente puede resultar un buen apoyo.

La ciencia nos ha ido mostrando ejemplos claros de enfermedades relacionadas con la emoción. En dermatología se ha documentado que ciertas enfermedades cutáneas prevalecen en pacientes que experimentan resentimiento, frustración, ansiedad o culpa. En cardiología se ha demostrado que los ataques cardiacos son más comunes en personas agresivas, competitivas o que han desarrollado una cronopatía[2].

En gastroenterología se ha observado una correlación entre emociones como la ansiedad —por un examen o una entrevista de trabajo, por ejemplo— y las dolencias intestinales o estomacales como las úlceras pépticas. Pero, sin duda, es en la oncología donde se está profundizando más la relación mente-cuerpo.

El psicólogo clínico estadounidense Lawrence LeShan analizó las vidas de más de quinientos enfermos de cáncer y desveló una relación muy importante entre la depresión y la aparición del cáncer. Muchas de las personas objeto de estudio se sentían vencidas por la ruptura de relaciones estrechas y habían tratado de reprimir esas emociones. Dichas emociones reprimidas alteraron su equilibrio neurohormonal y fueron contraproducentes para su respuesta inmunológica. Ampliaremos el tema oncológico más adelante.

---

[2] Explicado más profundamente en el capítulo 7.

El caso de Tomás

Acude a mi consulta Tomás, de dieciséis años. Es el mayor de tres hermanos. Buen estudiante, su padre es arquitecto y su madre ama de casa. Lleva un año y medio con problemas de vista. Todo comenzó un día en clase, al darse cuenta de que veía borrosa la pizarra. Avisó a la profesora y por la tarde acudió a urgencias con su madre. Fue diagnosticado de espasmo acomodativo. Le pautaron unas gotas y la mandaron a casa. Estuvo un par de días algo mejor, pero un día, en medio de una clase, se dio cuenta de que no veía nada. Acudieron a otro especialista para solicitar una segunda opinión. Fue valorado, se le realizaron varias pruebas, pero persistía el empeoramiento. Cambiaba su grado de miopía en cada prueba y no tenían clara la causa.

Tras acudir a varios especialistas más —entre ellos varios neurólogos—, le fue realizado un escáner y una resonancia, pero los resultados fueron completamente normales, debido a lo cual fue derivado a psiquiatría. Cuando veo a Tomás en consulta, me sorprende lo tranquilo que se encuentra a pesar de que «no ve». La *belle indifférence,* que llamamos los psiquiatras. Él dice haberse acostumbrado a no ver y que no le preocupa. Realizamos entrevistas a los padres y descubrimos en la personalidad de Tomás unos rasgos perfeccionistas y rígidos muy marcados. Se exige mucho, no se permite un error, adelanta lo que le van a explicar en el colegio para ir más avanzado y busca saber siempre más, «ver» más allá de lo que le corresponde para su edad y madurez. Su cuerpo le frena en seco: deja de ver. Estuvo en terapia varios meses, y trabajamos su manera de percibirse y de gestionar sus emociones. Poco a poco recuperó la vista y no ha vuelto a tener problemas al respecto.

Conocemos muchos casos de personas que dejan de hablar, de ver o incluso de caminar por causas emocionales. El cuerpo es sabio. Recuerdo en una de mis primeras guardias una mujer de treinta y ocho años que había dejado de caminar de golpe en el trabajo. Los traumatólogos y neurólogos descartaron patología orgánica. Fue derivada a psiquiatría y, tras varias sesiones y terapias, recuperó la movilidad de sus extremidades inferiores. Fue uno de los detonantes en mi ansia por profundizar en la relación mente-cuerpo.

La actitud como factor clave en la salud

A lo largo de estas páginas hemos hablado de la importancia de nuestros pensamientos en el estado de ánimo, en la interpretación de la realidad y en la salud.

Una actitud adecuada y sana puede ser la medicina natural más poderosa a nuestro alcance, y quizá la menos tenida en cuenta. En seis años de carrera de Medicina, no se dedica apenas un apartado a este tema. Pese a ello los médicos somos muy conscientes de la importancia de la actitud del paciente en su pronóstico. Los datos clínicos manifiestan que los sentimientos positivos y el apoyo emocional de las personas cercanas —familiares, amigos e incluso los profesionales de la salud implicados en su tratamiento— poseen un poder curativo incuestionable. Por otro lado, lo que uno siente, percibe o cree puede ser tan relevante como la dieta o los hábitos a la hora de enfrentarse a, por ejemplo, una enfermedad coronaria.

Friedman y Rosenman llevaron a cabo un estudio con tres mil quinientos hombres a lo largo de diez años. Primero dividieron a los sujetos en dos grupos: los del tipo A comprendían los de caracteres más rígidos, impacientes o cronopáticos; los del tipo B eran más relajados y tranquilos. Tras esa clasificación preliminar, investigaron la salud de los sujetos, si fumaban o no, cuánto ejercicio físico realizaban, midieron sus niveles de colesterol en sangre y analizaron su dieta. A continuación, esperaron a ver cómo evolucionaban los sujetos. En diez años, más de doscientos cincuenta de los sujetos sanos físicamente padecieron un ataque cardiaco. Resultó que los datos basados en su dieta y en su actividad física no sirvieron para predecir los resultados. El único dato capaz de predecir lo que iba a suceder, el único dato con valor diagnóstico, fue la clasificación previa en función a su disposición mental. Los sujetos clasificados como tipo A tuvieron una incidencia de ataques cardiacos tres veces mayor a los de tipo B, independientemente del tabaquismo, su dieta y del ejercicio que llevaran a cabo.

Y... ¿QUÉ PASA CON EL CÁNCER?

Parece tener algún tipo de relación con el estrés y las emociones. No está claro el proceso, pero cada vez se intuye por más científicos que la emoción o el estrés podrían ser factores de riesgo en el desarrollo del cáncer. Lógicamente las enfermedades oncológicas poseen una etiología variada y compleja. Siguen sin existir estudios serios que relacionen directamente emociones y cáncer, pero todos conocemos a alguien que ha sufrido enormemente en la vida y un día nos avisa, consternado, que está diagnosticado de una enfermedad grave y en el fondo no nos sentimos sorprendidos... —«¡Con lo que ha sufrido!»—.

En un trabajo dirigido por el epidemiólogo David Batty y realizado entre el University College de Londres, la Universidad de Edimburgo y la Universidad de Sídney, analizaron dieciséis investigaciones llevadas a cabo durante una decena de años. Eran un total de ciento sesenta y tres mil trescientas sesenta y tres personas las que comenzaron el estudio y cuatro mil trescientos cincuenta y tres las que fallecieron por cáncer. Se buscaba la relación entre algunos tipos de cáncer y el componente hormonal y los estilos de vida. Sabemos a estas alturas que la depresión genera un desequilibrio hormonal con elevados niveles de cortisol. Esto detiene la correcta reparación del ADN e inhibe la adecuada función del sistema inmunológico. Los resultados del estudio mostraron que las personas con depresión y ansiedad poseían una incidencia un 80 por 100 mayor en cáncer de colon y dos veces mayor en cáncer de páncreas y esófago. Hay que leer los resultados con cuidado y no dejarse cegar por ese resultado tan contundente; no olvidemos un dato importante: las personas ansiosas y depresivas poseen tasas elevadas de consumo de tabaco y alcohol, y de obesidad —tres de los factores más presentes y estudiados en el cáncer—.

El cáncer está relacionado con múltiples causas —el ambiente, la alimentación, los hábitos tóxicos, la genética...—, pero lo que se postula cada vez con más fuerza es que las emociones también juegan un papel. Por ello, para que surja el tumor tienen que coexistir varios factores.

El cortisol, del que ya hemos hablado, es una hormona que, mantenida en el tiempo en niveles anormalmente altos, provoca procesos inflamatorios perjudiciales para las células del cuerpo. En julio del año 2017, el doctor Pere Gascón, jefe —hasta hace poco tiempo— del Servicio del Hospital Clínic de Barcelona, reconocía en una entrevista que «el estrés emocional crónico puede iniciar el proceso de cáncer».

Este oncólogo es uno de los investigadores más reconocidos en la relación del sistema nervioso-mental con el cáncer. Voy a intentar adentrarme en esta teoría explicándola de forma sencilla. Para empezar, no olvidemos que todas las enfermedades oncológicas poseen un proceso muy complejo. Quiero evitar cualquier reduccionismo sobre este tema tan grave, pero creo que unas pinceladas sencillas pueden ayudar a entender este asunto para captar de forma global cómo reacciona el cuerpo ante ciertos estímulos y la importancia de nuestro equilibrio mental.

Como sabemos, el cortisol genera inflamación liberando sustancias —prostaglandinas, citoquinas...— y es activado por situaciones de estrés crónico. Por otra parte, los tumores son un conjunto de células malignas que se asientan y crecen en alguna zona del cuerpo. En el cáncer, cuando el tumor está instalado, el sistema inmunológico —las defensas del cuerpo— deja de atacar al tumor y «se pone de parte de él».

Por ejemplo, los macrófagos —un subtipo de glóbulo blanco— son los que se encargan de fagocitar el material extraño del cuerpo. Forman parte de la respuesta innata del sistema de defensa del organismo. En el caso del cáncer dejan de actuar y «trabajan» para el tumor. Se produce una autoagresión del propio sistema inmunológico contra el cuerpo.

En el cuerpo existen entre cinco billones y doscientos trillones de células dependiendo del ser humano —edad, sexo...—. El entorno de la célula es la sangre. La composición de esta es determinante para el destino de las células. ¿Quién controla la sangre? Lo hemos ido revisando en capítulos anteriores: el sistema neurohormonal es clave. Se ha investigado un dato curioso: si llevo la célula a un entorno tóxico, enferma. Si la rodeo de un entorno sano, sana. Tanto el entorno de las células como la información que reciben las membranas juega un papel fundamental.

Del mismo modo que le ocurre a nuestras células, si una persona —conjunto de células y, por supuesto, ¡de algo más!— frecuenta un entorno tóxico, bien sean personas, ambiente o circunstancias adversas, enferma.

¡Cuidado! Si a pesar de estar en un ambiente sano, la mente lo interpreta como un lugar de amenaza, se pondrá alerta y provocará los mismos cambios en el cuerpo y en la composición de la sangre que si estuviera en el entorno más tóxico posible. No lo olvidemos; la mente y el cuerpo no distinguen lo que es real de lo imaginario. Hay gente que a pesar de tener un entorno y unas circunstancias más o menos normales, vive constantemente en alerta. Esa gente por un enfoque inadecuado de su situación está forzando a su cuerpo, física y psicológicamente, a una tensión perniciosa.

Si soy capaz de cambiar la manera en la que interpreto la realidad... la realidad cambia. ¡La felicidad depende de la interpretación de la realidad que yo hago! Es fundamental aceptar un cambio en mis creencias, sobre mí mismo —sin juzgarme con tanta dureza— o sobre lo que me rodea. De ahí lo bueno de fomentar los pensamientos positivos o incluso de recurrir al efecto placebo si poseen un efecto sobre mi mente y mi cuerpo.

¿QUÉ SUCEDE EN LAS METÁSTASIS?

Entramos ahora en arenas movedizas. Las metástasis, procesos de diseminación del tumor que determinan el pronóstico y la supervivencia del enfermo, nacen en muchas ocasiones en lugares donde existe de base algún proceso inflamatorio crónico asintomático. Es decir, el cáncer se disemina, se desarrolla y progresa en núcleos inflamados. Es su microambiente, la zona donde se siente «más a gusto» para aumentar y expandirse. No todas las inflamaciones son igual de peligrosas para que surja el cáncer. Un catarro —inflamación de la amígdala—, una rotura de ligamentos —con inflamación muscular— no son el mismo concepto. Un fumador, cada vez que fuma, daña las células bronquiales, produciendo una inflamación crónica de esa zona. Esa inflamación surge para defender y salvaguardar la zona; esto, en principio, es algo sano y bueno. Si el vicio de fumar y la consiguiente inflamación se mantienen en el tiempo; si además esa persona tiene antecedentes familiares oncológicos de pulmón; y si por último añadimos al cóctel explosivo algún problema emocional serio, esa persona es candidata muy seria a enfermar de cáncer. Lógicamente no todos los fumadores enferman de cáncer, pero sabemos que el tabaco es un potente activador de los procesos oncológicos. Por ello se pregunta a los pacientes durante las revisiones médicas los años que llevan de exfumador. Es decir, el tiempo que has concedido a tu cuerpo para que se recupere de esa agresión constante a la que le has sometido con todo el proceso inflamatorio que acaecía durante tu etapa de fumador.

Los estudios se han amplificado con resultados asombrosos. Se ha descubierto que existe una relación directa entre las células cancerosas y el sistema nervioso. Es decir, existen receptores en las células tumorales a sustancias relacionadas con el cerebro como pueden ser la adrenalina o el cortisol. Las emociones, los impactos estresantes fuertes, alteran el cuerpo pero también afectan a las células del cáncer. Se produce una comunicación directa entre el cáncer y la mente —sistema nervioso y, por tanto, sistema emocional—.

Esta explicación no está destinada a alterar o perturbar al lector. Todo lo contrario, sirve para entender aun más la conexión profunda que existe entre las enfermedades más graves y difíciles de controlar y la mente.

El cáncer está profundamente vinculado al sistema inmunológico. Las situaciones de estrés, preocupaciones, tristezas y traumas de forma crónica alteran las defensas y favorecen el posible desarrollo de una enfermedad grave. El reflejo de esos estados emocionales tóxicos se halla a nivel bioquímico y fisiológico, con estados inflamatorios latentes.

En resumen, las emociones perjudiciales, como tales, no producen cáncer. Ahora bien, el estrés emocional crónico puede arrancar, activar o potenciar la difusión de aquello que origina el cáncer. ¿Qué provoca estrés emocional? Situaciones como la soledad, familiares enfermos, mala relación con el entorno, traumas no resueltos, duelos difíciles o problemas laborales y económicos.

Ser capaz de mejorar el manejo de nuestros pensamientos tiene un enorme potencial para controlar así el nivel de inflamación del cuerpo.

Pautas sencillas para gestionar de forma correcta las emociones

1. Conócete

Aprende a entender qué te perturba. Cuando alguien tiene bloqueadas sus emociones desde siempre, le será más difícil profundizar en el origen de ciertos problemas. En cualquier caso inténtalo, lee y acude a personas que puedan ayudarte. Es imprescindible dar el primer paso.

2. Identifica tus emociones

Pon nombre a lo que sientes. No es lo mismo rabia que rencor. Alegría que emoción. Al hacerlo sé realista, no maximices emociones perjudiciales. Ese análisis tiene un impacto directo en tu cuerpo.

3. Busca ser asertivo

Di lo que piensas, sin herir. No silencies todas tus emociones, habla con alguien que te genere confianza. Aprende a expresarte, pero cuidado al hacerlo con abrir puertas que no seas capaz de cerrar. Ve poco a poco. El desahogo tiene que permitirte recuperar la paz y el equilibrio interior.

4. No tengas miedo a convertirte en tu mejor versión

Aprende a sacar lo más valioso de tu interior. El que anula sus emociones acaba siendo una versión empeorada de sí mismo, una versión descafeinada, sin capacidad de ilusionarse por nada.

5. Pon límites al efecto que los demás ejercen sobre ti

Aprende a identificar a la gente tóxica que tiene la capacidad de perturbarte profundamente en cualquier momento. No es posible que todo el mundo altere tu equilibrio interior, y debes intentar mantener lejos a los que lo hagan.

Todos atravesamos momentos en que experimentamos disgusto o desamparo, nos sentimos ansiosos, desanimados, frustrados o resentidos. Esta experiencia ocasional de emociones negativas es saludable: nos alerta sobre lo que no va bien a nuestro alrededor y nos motiva para ponernos manos a la obra y cambiarlo con el fin de restaurar el equilibrio, tanto en lo psíquico como en lo físico.

El problema surge cuando las emociones negativas se cronifican, alterando de modo permanente nuestro estado de ánimo.

> El modo en que pensamos y sentimos condiciona nuestra calidad y cantidad de vida.

Los telómeros

Los telómeros, descubiertos por el biólogo y genetista estadounidense Hermann Joseph Muller en los años treinta del siglo pasado, son los extremos de los cromosomas. Su principal función es dotar de estabilidad estructural a los cromosomas, impidiendo que se enmarañen y se adhieran unos a otros, siendo claves en la división celular. Por todo ello están muy relacionados con el cáncer —no olvidemos que las enfermedades oncológicas suponen una división anormal de las células—.

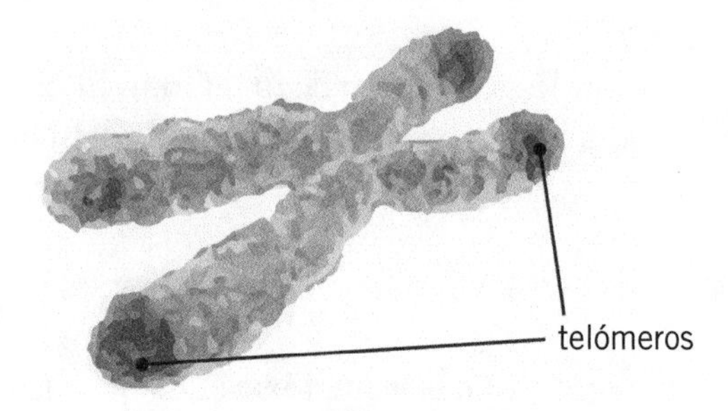

Los telómeros son los relojes de las células, ya que establecen el número de veces que una célula puede dividirse antes de morir; son el cronómetro del envejecimiento celular.

La bioquímica estadounidense de origen australiano Elizabeth Blackburn, nacida en 1948 en la isla de Tasmania, tras doctorarse en Biología Molecular en la Universidad de Cambridge en 1975, comenzó a estudiar los telómeros de los cromosomas primero en la Universidad de Yale y más tarde en la Universidad de California en Berkeley.

Estudiando los telómeros, Elizabeth Blackburn descubrió en 1984 una nueva enzima, la telomerasa. Comenzó a crear telómeros artificiales con el objetivo de estudiar la división celular. Descubrió que cuanto menores eran los niveles de telomerasa, menor era el tamaño de los telómeros y, por lo tanto, disminuía el número de divisiones posibles de una célula —con un mayor riesgo de enfermedades y envejecimiento—.

Los hábitos negativos impactan en la longitud del telómero. Hablamos del estrés, la alimentación, la obesidad, el sedentarismo, la soledad, la contaminación o incluso los problemas del sueño.

Blackburn estudió la telomerasa en un grupo específico: madres de hijos con enfermedades neurológicas severas. Observó que aquellas que se sentían solas, presentaban niveles más bajos de telomerasa con la consecuente disminución del telómero. La esperanza de vida en ellas era mucho menor de lo habitual en mujeres de su misma edad. También observó algo fascinante: aquellas mujeres que compartían entre sí sus emociones y se apoyaban y comprendían mutuamente, experimentaban un mayor nivel de telomerasa y un consiguiente alargamiento de los telómeros. Por sus trabajos en la descripción de la telomerasa recibió en 2009 el Premio Nobel de Medicina junto a sus colaboradores Carol W. Greider y Jack W. Szostack.

Como hemos visto en el estudio de Robert Waldinger[3], la soledad es un factor de riesgo no solo para la depresión, sino para envejecer con telómeros más cortos y, por lo tanto, ¡de forma menos saludable!

¿Cómo segregar más telomerasa y alargar telómeros? Actualmente se están llevando a cabo los primeros estudios sobre como fomentar la secreción de telomerasa para conseguir un alargamiento de los telómeros. Se conoce el efecto positivo del ejercicio, la alimentación y el *mindfulness*. En el año 2017 comencé, con uno de los laboratorios más importantes del mundo, un estudio sobre la influencia del estado de ánimo y las emociones en los

---

[3] Capítulo 2, sobre la felicidad y el amor a los demás.

niveles de telomerasa y la medición de telómeros. El objetivo es confirmar que el cortisol, elevado de forma crónica, inhibe los niveles de telomerasa y que la ansiedad acorta los telómeros. Tengo la confianza de que saldrán resultados interesantes que publicaré cuando concluya el estudio.

7
QUÉ COSAS O ACTITUDES ELEVAN EL CORTISOL

Existen multitud de situaciones que nos perturban y perjudican alterando los niveles normales de cortisol. Estamos inmersos en una sociedad que trabaja, genera noticias y tendencias, viaja y se divierte y descansa a un ritmo frenético, tanto que, en ocasiones, no somos capaces de seguir ese ritmo y nos «rompemos». Existen algunos «mitos emocionales» —ser perfectos, perder el control...— que tienen un efecto más nocivo para el organismo de lo que podamos imaginar.

No olvidemos algo importante, el estrés crónico es dañino y perjudicial para el cuerpo y para la mente. En cambio, el eustrés —estrés del bueno— se activa ante la presencia de un reto o de una amenaza. Es el que nos ayuda a ponernos en marcha y buscar las mejores soluciones. Todos conocemos momentos en los que, bajo presión, hemos rendido el doble. Un ejemplo clásico es la noche antes de un examen. El cerebro, de golpe, memoriza más datos que en todos los días previos unidos. ¿Por qué? El cortisol en pequeñas dosis mejora la concentración y la capacidad de rendir de forma más eficiente y ayuda a enfocar mejor la atención para responder ante un desafío. Pero no podemos estar siempre bajo ese eustrés, porque se acaba convirtiendo en tóxico y nos agota y enferma.

Entremos a analizar algunas circunstancias que suben el cortisol de forma crónica.

El miedo a perder el control

El caso de Alberto

Alberto trabaja de director de comunicación en una multinacional y es destinado a México. Antes de irse, visita mi consulta porque se nota triste, pero ignora el motivo. Como se va a los dos días, le pido que me escriba desde allí para ver si es algo pasajero o no.

Estudiando su caso me doy cuenta de que es una persona excesivamente controladora sobre su vida, sobre lo que siente, lo que expresa o lo que muestra hacia los demás. Su relación de pareja se parece más una relación laboral que a una afectiva. Son ejecutivos los dos, tanto en el ámbito profesional como emocional. No han querido tener hijos porque no han encontrado el momento para ello, debido a la intensidad del trabajo de ambos. Nunca se les ve tener un momento de bajón, siempre llevan puesta una sonrisa casi perfecta. Alberto mantiene un estatus de control sobre sí mismo, nada le inmuta o altera. Cuando indago sobre la causa de su tristeza, me contesta:

—Nada, la tristeza es de débiles.

Añado:

—¿Y algo que te emocione?

Me responde:

—Quizá hablar con mi padre y pasar tiempo con él.

Con Alberto las respuestas son vagas al ahondar en estas cuestiones. Intenta mantener un absoluto control sobre sí mismo y sobre lo que me transmite. Si no está muy contento, sonríe. Siempre muy correcto. Mis palabras antes de despedirnos en consulta son:

—Si sigues así, te vas a romper porque toda persona que está permanentemente controlándose, en un momento dado, acaba desmoronándose.

Unos meses más tarde recibo un correo electrónico en el que me comenta que está bien y que en vacaciones su idea es volver a España. Le indico que si quiere venir a consulta cuando esté en España, pero él considera que no es necesario porque se encuentra estable.

Un día, durante el mes de julio, estando yo en consulta, la enfermera me indica que Alberto me está llamando por teléfono y que se trata de algo muy urgente. Interrumpo la sesión y salgo para hablar con él. Al otro lado del teléfono, Alberto, jadeante y nervioso, me dice alterado que algo le pasa:

—Estamos en Málaga, en plenas vacaciones. Esta mañana al subirme a un taxi empecé a encontrarme mal, no podía respirar con normalidad.

Ha tenido que bajarse inmediatamente del taxi, mareado, con vértigos, temblores, sudoración, sensación de pérdida de control y una angustia vital que no se reduce. Se encuentra en medio de un ataque de pánico.

Continúa al teléfono su mujer porque él no puede hablar, y me pide ayuda para contener la situación. Pese a sus reticencias porque es solo «algo psicológico», le obligo a solicitar una ambulancia para que lo trasladen cuanto antes a un servicio médico de Urgencias.

Ya en el hospital, la mujer vuelve a llamar. Los médicos le han indicado que debe tomar una pastilla y Alberto se niega. Él, siempre tan correcto y equilibrado, tiene un miedo atroz a que eso le haga perder el control sobre sí mismo, tanto de sus pensamientos como de su comportamiento. Intento tranquilizarle, explicándole que debe aceptar la medicación para regularse y recuperar la paz, pero él, fuera de sí, se niega rotundamente.

La mujer me comunica al rato que los médicos de Urgencias le han acabado inyectando un ansiolítico para conseguir relajarle. En cuanto le den el alta quieren venir a Madrid a consulta para empezar un tratamiento integral.

A los pocos días, Alberto acude a Madrid a consulta. Se encuentra ansioso, alerta, nervioso, en un bucle de angustia constante, prácticamente sin poder salir a la calle... Comienzo una terapia farmacológica con medicación endovenosa —benzodiacepinas de acción larga— que van bloqueando el circuito del miedo y de la angustia. Le explico exactamente lo que le ha sucedido y los mecanismos fisiológicos y emocionales que le han llevado a ese estado. Le pauto una «pastilla de emergencia» por si vuelve a tener un ataque de pánico, explicándole que actúa a los pocos minutos. Con esta pastilla puede viajar, ir a reuniones... con la «tranquilidad en el bolsillo».

Su gran miedo estriba en que la medicación le haga perder el control de su vida sin ella. Así que cada vez que ingiere una pastilla yo le dicto en una libreta —y su mujer lo lleva anotado también— frases que él se repite para neutralizar esa anticipación negativa: «No me va a pasar nada», «no voy a perder el control ni mi identidad», «voy a seguir siendo yo», «los efectos de las pastillas son estos...», «ánimo», «quítale importancia a sensaciones, evita analizarlas»...

A los quince días se encuentra más estable y ajustamos la medicación vía oral y comenzamos la psicoterapia. Con su esquema de personalidad[1], le explicamos su forma de ser y las causas aparentes de su ataque de pánico. Le explico cómo funciona el cortisol, el miedo... y entramos en un campo apasionante: la gestión de sus emociones. Si algo le hace gracia, puede reír; si algo le pone triste, puede llorar; si está en una situación emotiva, una reunión con familiares o amigos, puede sentirse feliz, y no pasa nada.

Un día en consulta me confiesa:

—Me estás ayudando a forjar una personalidad vulnerable; yo hasta ahora bloqueaba los sentimientos para sentirme fuerte, pero ahora voy a tener capacidad de emocionarme, de sentir...

Para él, tan frío y cerebral, si alguien se deja llevar por las emociones, es esclavo de ellas, y el sufrimiento, el dolor o la pasión pueden bloquear la correcta toma de decisiones.

Tras un año de tratamiento, fuimos retirando la medicación poco a poco; ha aprendido a manejar los momentos de ansiedad elevada —lleva siempre su «pastilla de emergencia», la cual solo ha usado tres veces en un año— y, lo más importante, se ha convertido en una persona más cercana, más humana y más cariñosa.

---

[1] Capítulo 4, esquema de la personalidad.

El ser humano se siente fuerte cuando controla y tiene la razón. ¡Cuánto cuesta aceptar que uno está equivocado! La mente manda. La mente ordena. La mente controla. Seguimos las directrices de la razón, respondemos a las cuestiones únicamente desde lo cognitivo. En los últimos años la razón se ha convertido en una tirana. El deseo de controlarlo todo genera una gran angustia. Pensamos que el tener seguridad sobre todos los aspectos de la vida es una fuente de felicidad. Resulta completamente lógico y prudente procurar tener los pilares de la vida asegurados y protegidos: un trabajo estable, una vida familiar sana, una situación económica holgada… Lo patológico, lo enfermizo, está en llevar eso al extremo angustiándonos y amargando nuestra vida en pos de una seguridad absoluta inalcanzable. Buscar constantemente apoyos y sustentos materiales que refuercen nuestra vida y que no se caigan o no puedan fallar nunca es una utopía. Ahí radica el error.

Es propio de nuestra sociedad materialista y racionalista el hacernos creer que lo podemos controlar todo: el momento en que nos quedamos embarazados, el sexo de un hijo o su brillantez académica, el tipo de trabajo, los ingresos y gastos familiares, las vacaciones ideales, la salud propia o de nuestros familiares o la fiesta perfecta. Sin embargo la vida nos enseña que las dificultades para quedarse embarazada existen y son cada vez más frecuentes; que a veces conseguir «la parejita» resulta imposible o que nuestro retoño no tiene la capacidad intelectual que nos gustaría —quizá sí otras virtudes que, obcecados, no sabemos descubrir en él—, que la empresa a la que hemos dedicado nuestra vida puede prejubilarnos, que los ingresos y gastos son demasiado oscilantes siempre, que puede que si vamos a esquiar una nevada cierre las carreteras de acceso o los aeropuertos, que en la isla paradisíaca llueva pese a no estar en época de lluvias, que por mucho que hagamos deporte rutinario, una dieta sana y revisiones médicas periódicas siempre hay algo que puede salir mal, o que el día en que hemos organizado la fiesta ideal estemos cansados, tristes o saturados y preferiríamos un paseo por la montaña en solitario… La vida es rica por sus matices, por ser incontrolable, y se resistirá a cualquier intento de control férreo por muy calculadores que seamos, generando en quien lo intente una gran angustia. Viene aquí a cuento aquella frase que un esclavo repetía al oído en los triunfos de la antigua Roma: *Memento mori* 'recuerda que eres mortal'. No perdamos de vista nuestra propia pequeñez, seamos flexibles, practiquemos algo de sano abandono y disfrutemos del hoy y el ahora...

Esa búsqueda constante del control nos lleva a no disfrutar de las cosas buenas que nos están ocurriendo, a olvidar el momento presente «obsesionándonos» con el futuro.

Si ese control radica en dominar mis emociones, mis estados de ánimo y lo que transmito a los demás, eso tiene un efecto nefasto porque, como hemos visto en el capítulo 6, «Quien se traga las emociones, se ahoga».

El caso de Antonio

Antonio es el vicepresidente de una empresa. Están siendo unas semanas de mucha tensión profesional porque se encuentran en plena negociación para fusionarse con una multinacional extranjera. Un día, el presidente le convoca a un consejo de administración extraordinario para tratar un tema importante. Antonio es un hombre muy trabajador, meticuloso con su trabajo, extremadamente ordenado y constante. Es tímido y le cuestan las relaciones con las personas, le supone un gran esfuerzo soltarse y únicamente mejora socialmente cuando está en situaciones de mucha confianza.

Al llegar a la reunión, se encuentra con una treintena de personas alrededor de la mesa. El presidente, alza la voz y dice:

—Hace unos días me detectaron un cáncer, es severo pero voy a luchar para vencerlo. Necesito consagrar a mi recuperación toda mi energía y mi tiempo. Por lo tanto, me gustaría que durante mi ausencia, Antonio, el vicepresidente, dirija y coordine la fusión.

Antonio se levanta para decir unas palabras y no le sale la voz, está «afónico». ¡Pero si hace unos minutos ha hablado con su mujer por teléfono! Explica susurrando —la primera excusa que se le ocurre— que está saliendo de una neumonía. Añade que desea lo mejor para el presidente durante el tratamiento y que conducirá la empresa de la mejor manera posible durante la ausencia del presidente.

Sale de la reunión y llama a su mujer; habla bajito, y decide acudir urgentemente a un otorrino amigo suyo. A los pocos minutos de estar comentándole al médico lo sucedido, recupera la voz normalmente. No entiende nada. Pasan unos días y en la primera reunión con altos directivos, coge la palabra y ¡lo mismo! No puede hablar. Cuando acude a mi consulta tiene dos miedos: uno a hablar en público —ya lo tenía—; pero se añade otro, el miedo a quedarse «mudo» delante de mucha gente.

Comenzamos terapia explicándole exactamente cómo relajarse minutos antes de hablar utilizando técnicas de respiración y repitiendo una serie de mensajes que neutralizan su miedo. Dibujo en su libreta un esquema de los nervios que llegan a las cuerdas vocales para que visualice el proceso y se sienta confiado al respecto. Por otra parte realizamos técnicas de socioterapia para vencer sus miedos y timidez delante de mucha gente.

Durante el tratamiento de cáncer del presidente fue capaz de fusionar la empresa con éxito y con un dominio de gentes y de su voz mucho mayor que antes. Todo ello le hizo ganar gran seguridad en sí mismo.

La terapia contra los miedos

Este tipo de terapia consiste en exponer y confrontar al paciente con el problema que causa su angustia o miedo irracional. Hay que realizarlo poco a poco, para que el cerebro se vaya adaptando y el paciente se vaya sintiendo seguro con los pasos que va dando.

En el caso de Antonio, la terapia de exposición consistió en que un día nos hablara y expusiera a todo el equipo, su mujer y algún invitado más en qué consistía la empresa en la que trabajaba. Más adelante, le impulsamos a que en diferentes eventos —la comunión de un hijo, la boda de un primo suyo…— dijera en público unas palabras emotivas sobre los mismos.

En las personas que sufren de agorafobia solemos recomendar que una persona cercana, de confianza, acompañe al paciente a un lugar abierto. Eso se repite más adelante dejando al paciente en un sitio cercano y esperando a reencontrarse en el sitio pactado. Todo ello va asociado con técnicas de respiración que son útiles y una mensajería interna de apoyo a lo que uno está realizando. Poco a poco el cerebro se va adaptando, y el cuerpo deja de transmitir sensaciones de ahogo y angustia.

Cómo respirar

Cuando, a alguien que está nervioso, otro le dice, con ánimo de ayudar, ¡respira!, lo lógico es que uno piense… «¡pero si estoy respirando!». Está claro que cuando pedimos a alguien que respire en un momento de angustia o ansiedad, estamos pidiendo una respiración más profunda y concienzuda. Entremos a analizarlo.

Desde hace tiempo se han hablado mucho de las técnicas de relajación y existen múltiples estudios y artículos al respecto. La mayoría de personas creen que consiste únicamente en inspirar profundamente y espirar lentamente. No están desencaminados, pero vamos a intentar aplicarlo de forma más eficaz y ordenada.

Lo primero es encontrar un lugar cómodo y que no sea excesivamente ruidoso. Se puede asociar una luz tenue —bajando luces, persianas o corriendo cortinas—, y añadir algo de música relajante.

Comenzamos:

— Siéntate en una silla con la espalda recta, pero que sea confortable.
— Empieza por prestar atención a las sensaciones corporales. Enfócate en los pies. En un primer momento, experimenta

el peso de todo tu cuerpo. Siente tus extremidades inferiores ancladas en el suelo. Y de ahí hacia arriba, las piernas, los hombros, brazos... Permite que la paz vaya entrando en tu cuerpo mientras disfrutas de esos instantes.

— Observa tu respiración; antes de entrar a «dominarla» y «ejercitarla», presta atención a los suaves movimientos de tu abdomen mientras inspiras y espiras. Posteriormente pasa a la zona de la nariz mientras entra y sale el aire.
— Tras estos primeros instantes de observación y calma, vamos a comenzar con la denominada respiración diafragmática. Es más eficaz debido a que se llena de aire la zona baja de los pulmones para inspirar mejor el oxígeno.
— Coloca una mano sobre tu pecho y otra sobre el vientre y fíjate en cuál se eleva durante la inspiración. Si se eleva la zona del vientre, lo estás realizando correctamente.
— Toma aire profundamente por la nariz, detente unos segundos y suéltalo por la boca de forma pausada.

Uno de los métodos más conocidos es el diseñado por el doctor Andrew Weil, director de Medicina Integral de la Universidad de Arizona. Ha sido portada de la revista *Time* en dos ocasiones y fue entrevistado por Oprah Winfrey para hablar de su teoría de la respiración. Recomienda el 3-3-6 o el 4-7-8, dependiendo del número de segundos que el aire está en juego. En el caso de 4-7-8 sería de esta manera:

— La inspiración dura 4 segundos,
— La pausa, aguantando la respiración, 7 segundos,
— La espiración se produce en 8 segundos.

De hecho, esta técnica realizada por la noche, tumbado en la cama, resulta muy útil para conciliar el sueño. Como todo, se recomienda ir poco a poco, probando un par de veces al día, y luego ir aumentando. De esta manera el cuerpo, la respiración y el sistema nervioso simpático y parasimpático van aprendiendo a autorregularse.

> Cuando te bloquees o temas perder el control, cuando el estrés te invada, tu cabeza se agote o tu cuerpo no responda, respira, pon el corazón, repite a tu mente mensajes de paz y crecimiento y saldrás del bucle.

Perfeccionismo

El caso de Lola

Lola es una señora de Salamanca, casada y madre de dos hijos, un niño de cinco años y una niña de siete. Trabaja de funcionaria en el ayuntamiento, pero, como hizo estudios en el ámbito educativo, siempre ha querido ser profesora universitaria. Cuando viene a consulta lleva tres años trabajando en su tesis doctoral. Admite que la tiene casi terminada, pero que siempre que la revisa encuentra aspectos que matizar.

Comenta que en su casa no consigue relajarse, al llegar de trabajar siempre la encuentra sucia. Las personas que contrata para que se hagan cargo de la limpieza y la ayuden con los niños nunca le duran más de dos o tres semanas, según ella porque no son lo suficientemente eficaces para llevar a cabo la labor exigida. En el ámbito laboral es muy exigente y nunca entrega a tiempo las cosas que le piden.

En consulta se queja de mucha ansiedad, estrés y repite en varios momentos que «no puede más». Últimamente le cuesta dormir y se nota irritable. En la siguiente sesión, su marido acude a consulta a acompañarla y comenta que para él resulta agotador el tema de las empleadas del hogar, que siempre acaba monopolizando las conversaciones familiares:

—Mi mujer está obsesionada con la limpieza.

Explica cómo, al llegar a casa, comienza a revisarlo todo, pasando los dedos por encima de los muebles en busca de polvo;

comprobando que la ropa planchada no haya quedado arrugada y que esté ordenada por colores y de una determinada manera. Nunca encuentra nada a su gusto, lo que invariablemente genera gran tensión en la casa, el matrimonio y la familia.

Como psiquiatra me surge entonces la duda de si esta persona tiene algo más que una simple ansiedad: algún tipo de trastorno obsesivo. Indagando con ella en este sentido, me indica que se lava las manos hasta veinte veces al día —cuando toca la comida, cuando paga con dinero...—, bien sea con agua y jabón en su casa, o con toallitas húmedas cuando se encuentra fuera. Es incapaz de acostarse con su marido si este no huele como ella considera idóneo —ella le exige que se duche siempre antes y que se aplique una marca de desodorante en particular—. Cuando amuebló su casa ya pidió al carpintero que los armarios tuviesen la medida exacta de las cosas que iban a contener y que sus cajas de ropa encajaran en cubículos hechos a medida. Afirma que su madre y abuela eran iguales. Le pregunto:

—¿Cuánto tiempo inviertes en ducharte?

Me responde:

—Pues unos cuarenta y cinco minutos.

Gasta dos o tres botes grandes de gel a la semana —ella sola—, porque necesita sentirse limpia.

Le explico que padece un trastorno obsesivo compulsivo que le conduce a un perfeccionismo atroz.

El perfeccionista es el eterno insatisfecho, está permanentemente sufriendo porque nunca nada está a la altura de sus expectativas. Este tipo de personas son excelentes detectando los defectos: si algo no está limpio u ordenado, si no resulta armónico, si hay manchas en la pared, en un cristal o en el espejo. Lola es muy meticulosa en su trabajo y, cuando le piden un informe sobre algo, invierte hasta el último minuto en comprobar y verificar que todo esté correcto. Y lo mismo sucede con la tesis, por eso siempre que la relee encuentra fallos que corregir y nunca la consigue terminar. Es una sufridora nata y la gente de su entorno vive alerta con ella porque siempre está analizando defectos.

Un aspecto propio del perfeccionista es la rigidez a la hora de cambiar de un pensamiento a otro: piensan en una cosa y ya no son capaces de salir de ahí, y eso va generando pensamientos en bucle de difícil salida. En el caso de Lola, pautamos una medicación que funciona muy bien para este tipo de trastornos. Por otra parte, en psicoterapia empezamos a trabajar con una libreta en la que fuimos marcando objetivos: desde la limpieza, el orden y la forma de tratar a sus hijos y su marido, hasta los pensamientos rumiativos que la bloquean.

Insisto mucho en aprender a manejar los momentos de tensión, con mensajes cognitivos que ella se repite en los instantes en los que siente la necesidad de llevar a cabo sus rituales de limpieza —«No pasa nada, estás bien, estás limpia, acuérdate de que tú tienes un trastorno que te hace lavarte mucho las manos, porque si no, no consigues estar tranquila, no va pasar nada malo si no te lavas las manos en este instante...»—. En la conducta le recomiendo jugar en el parque con su hijo, sin necesidad de limpiarse hasta llegar a casa.

Poco a poco trabajando desde el pensamiento hasta la conducta, ha mejorado sustancialmente.

El sistema cingulado

Existe una zona en el cerebro encargada de las obsesiones, compulsiones y rigidez mental. Es el giro cingulado. El doctor Daniel Amen compara esta zona del cerebro con el cambio de marchas de un coche antiguo. Un correcto funcionamiento de esta zona del cerebro implica poder cambiar de marcha —de idea, de foco de atención— con facilidad. Cuando nos quedamos enganchados en una marcha —en una idea—, el coche no funciona bien y se produce mentalmente lo que denominamos una obsesión.

Esta es la zona encargada de visualizar diferentes posibilidades y opciones para cualquier problema dotándonos de mayor o menor flexibilidad para manejar las contrariedades y cambios del día a día. Cuando funciona mal o se encuentra activado en exceso, aumenta la rigidez y la probabilidad de entrar en pensamientos tóxicos o de bucle sin salida.

Un ejemplo propio de la rigidez cognitiva es la necesidad constante de que las cosas se hagan de la manera que uno quiere y cuando uno quiere. Hay personas que tienen rasgos obsesivos muy marcados y que están habituadas a determinadas rutinas —casi rituales—, de modo que cualquier incumplimiento de las mismas genera en ellos una reacción desproporcionada. La gente excesivamente rígida necesita que los horarios, el orden de la habitación, los planes, sean según desean o esperan. El perfeccionista le añade otro factor: tiene que estar hecho de la mejor manera posible.

OTRO SUBTIPO DE GENTE RÍGIDA: LOS *NEGAHOLICS*

«No y no; he dicho que no y es que no». Todos hemos experimentado un teleoperador o funcionario que hace caso omiso a lo que le solicitas con una negativa injustificada por respuesta. Conocemos gente cercana que es incapaz de estar de acuerdo con nosotros en algo. Tratamos con personas que no aceptan un consejo, una recomendación y no desean cambiar.

Para la doctora Chérie Carter-Scott, experta en el tema, «los *negaholics* son aquellas personas que presentan una adicción a lo negativo». Constantemente y ante cualquier situación manifiestan una negativa visceral, automatizada e irracional, siendo incapaces de percibir lo positivo o incluso lo meramente neutro. Su visión de la realidad está desequilibrada hacia la negación. La queja y el lamento son ingredientes constantes de su discurso.

Esta acumulación de comentarios y actitudes negativos acaban perjudicando gravemente al afectado. Son los denominados negadictos: son incapaces de salir adelante ya que llegan a boicotear sus propios sueños debido a sus miedos infundados y al pesimismo existente en sus mentes. Viven en constante angustia y sufrimiento. Todo origina un pensamiento tóxico que deriva en palabras y conductas destructivas.

Esta actitud altera la relación con otros; les cuesta profundamente valorar el triunfo de los demás y buscar siempre «hundirles» con comentarios, expresiones y comportamientos. El trato con estas personas no es fácil y el entorno tiende a querer separarse de ellos. Acaban convirtiéndose en un obstáculo para los demás, toxificando los ambientes que frecuentan.

El origen de los negadictos es variado. A veces surgen debido a un sufrimiento no superado, otras veces tras una etapa traumática. Tras ese dolor, estas personas se agrian, tuercen, rompen o se deprimen. La clave estar en salir, pedir ayuda lo antes posible y reconocer que ese proceso interno tóxico está perjudicando seriamente la vida. Como dato curioso, según estudios realizados por la Universidad de Harvard, el 75 por 100 de las personas que han sufrido un drama, a los dos años se han recuperado. Al menos, la ciencia nos impulsa a ser optimistas a pesar del drama.

Cronopatía, la obsesión por aprovechar el tiempo

El arte del descanso es una parte del arte de trabajar.

John Steinbeck

Nos encontramos en un momento de la historia donde la máxima aspiración del ser humano es la productividad y la eficiencia. Es lo que denominamos la mercantilización del tiempo.

Hoy se valora de forma positiva todo aquello que se relaciona con la velocidad y la capacidad de aprovechar más el tiempo. ¿Qué consecuencia tiene esto? La aparición de un estrés que, cual enfermedad maligna, se está extendiendo a todos los aspectos de nuestra sociedad, convirtiéndose en crónica y gravemente perjudicial.

El tiempo es el bien más democrático que existe. Todas las personas cuentan con veinticuatro horas en su día. Cada uno es responsable, no solo de cómo rellena el día, sino de cómo percibe la sensación del tiempo. El ser humano se define según la manera en la que organiza su día y, con ello, su vida. Las personas ordenadas consiguen que las horas se multipliquen, porque no olvidemos que «el orden es el placer de la razón». Llegados a este punto podemos diferenciar dos extremos: el de las personas que pierden y malgastan su tiempo con una vida vacía que les conduce a estados depresivos y el de las personas que sufren de cronopatía. ¿Quién no conoce a alguien que no sabe renunciar a ningún plan, que necesita planificar todo su tiempo con mucha antelación y llenar todos los espacios y huecos de su agenda con múltiples actividades? Cuidado con ellos, su vida acaba convirtiéndose en una huida hacia adelante. No olvidemos que las grandes experiencias de la vida no se saborean en el ajetreo de las prisas y el reloj. La vida no es plena y gratificante si no hay paz y quietud en algunos instantes.

¿Sabes descansar de verdad?

Creo profundamente que el descanso verdadero se encuentra en vía de extinción. Ha surgido un nuevo «síndrome»: la cronopatía —*cronos* 'tiempo', *pathos* 'enfermedad'—, la enfermedad del tiempo. Decía Gregorio Marañón: «La rapidez, que es una virtud, engendra un vicio, que es la prisa». Vivimos convencidos de que la prisa y la aceleración producen mayores y mejores resultados en la vida. Estamos acostumbrados a que, si intentamos fijar una reunión con alguien, nos conteste:

—No tengo tiempo, estoy liado...

Lo asimilamos como normal y correcto.

La inmediatez se ha convertido en un protagonista crucial de la vida. Todo, hoy y ahora. No se espera una semana para ver el siguiente capítulo de una serie y se reclaman los billetes de tren por llegar quince minutos tarde al destino.

¿Quién no ha pasado por la tristeza del domingo por la tarde? Yo lo denomino «el domingo oscuro». Sucede especialmente en personas con vidas intensas entre semana. Los viernes y sábados acuden a diferentes planes con salidas que sobre todo suelen combinar con alcohol. Llega el domingo y muchos perciben un bajón físico y anímico que les lleva a desear que vuelva a ser lunes. ¿La razón? Son caballos de carreras que, semana tras semana, llegan desfondados a la meta. No saben vivir en el descanso. Ese parón genera ansiedad, sentimientos de culpa, vacío y tristeza.

El hombre actual parece que se tiene que excusar tras «una reunión» para poder tener un momento de ocio o de tranquilidad. No queda bien decir que uno está libre o desocupado. ¿Qué sucede? De golpe, un amigo te llama y, todo serio y con mirada preocupada tras un sufrir problemas musculares, migrañas, taquicardias, un ataque de ansiedad o incluso un infarto, te dice:

—Mi médico me ha recetado descansar.

Ahí comienza uno a replantearse la vida, y se inicia una nueva etapa donde a los grandes aspectos de la vida se les da la importancia que merecen.

El caso de Francisco

Francisco es un directivo de una multinacional que sacó muy joven una oposición a abogado del Estado con una nota muy buena. Desde entonces su trayectoria ha ido en ascenso: empezó en el ámbito administrativo, luego se fue a la empresa privada. En algún momento de su vida se ha dedicado a la política sin llegar a involucrarse al cien por cien. En general, se trata de un hombre al que le encanta estar metido en muchos asuntos: la política, la historia, la filosofía, por supuesto el derecho, le gusta escribir... Por ello, tiene ocupada su agenda desde que se levanta hasta que se acuesta.

Cuando tiene tiempo libre se agobia porque le gusta tener la sensación de que aprovecha el tiempo. Cuando está desayunando con su familia, él pregunta cuál es su plan para el día. Siempre encuentra algún intervalo en el que considera que alguno de ellos aprovecharía mejor el tiempo si hiciera alguna otra cosa diferente. Los hijos se pasan las tardes en el colegio asistiendo a clases extraescolares —música, chino, inglés, arte, deportes—, excepto la del viernes, que a él le gusta que la dediquen a ordenar sus cuartos y a jugar. Y el fin de semana él siempre tiene un plan perfecto organizado —playa, montaña, visitar una ciudad...— y la mujer vive «detrás de él» y muchas veces le confiesa que no le sigue el ritmo, que necesita que pare, a lo que el marido le contesta que la vida hay que aprovecharla y que se encuentran en su mejor momento.

Él se ha empezado a preocupar porque empieza a dormir mal, a tener migrañas y, a veces, vértigo. Decide ir al médico —tras una ardua recolocación de su agenda, pues no tiene tiempo para ello— y le recetan unas pastillas que le hacen efecto levemente. Vive constantemente contra el tiempo y sin capacidad de disfrutar.

La familia viene a mi consulta con una petición concreta:

—Que pare, «que aprenda a no hacer nada».

Pero él expresa que no quiere parar, que esta es su forma de ser, que si frena se agobia, porque no sabe vivir en la calma.

Pauto, para el estado de ansiedad, una medicación a dosis muy pequeñas —infraterapéutica—; al día siguiente me llama para comentarme que se encuentra profundamente adormilado en el despacho. En cuanto se vio frenado un poquito, su cuerpo reaccionó como si hubiera ingerido una dosis brutal de un sedante.

Lo que tratamos de mostrarle es que no sabe vivir en el relax. Él mismo reconoce que en cuanto detecta una sensación de quietud, ahí surge la ansiedad y que esta se apaga en cuanto empieza a realizar una actividad. Lo más importante con Francisco es enseñarle no ya a relajarse —no es capaz de realizar técnicas de relajación, yoga o *mindfulness* porque le dan taquicardias—, sino a ser consciente de que necesita aprender a descansar.

Ser consciente de esto, lo que se denomina *insight,* es su primer paso en la terapia. El segundo, que aprenda a realizar un ejercicio que no sea solo dinámico, es decir, que aprenda a «perder» el tiempo y relajarse. Esto lo consigue con mucha dificultad debido a la fuerte resistencia que hay en su interior: él siempre ha sido así, ha sido educado con muchísima exigencia en el aprovechamiento del tiempo. Por tanto, el pronóstico es incierto.

Lleva varios meses en terapia, ha ido mejorando poco a poco. Ha conseguido dar a la familia momentos espontáneos en los cuales disfrutan de hacer poco o nada o incluso improvisar —cosa antes inviable—.

Aprendamos a parar. Frenar para ver, observar y disfrutar. ¿Te has fijado que para observar y contemplar de verdad hace falta pararse? Corriendo no se percibe la belleza. Deleitarse con un paisaje bonito, con una puesta de sol, con una lectura cautivadora, parar y disfrutar de un pueblo escondido cerca de la carretera, escuchar una canción que nos evoca emociones…, sin sentimiento de culpa o de pérdida de tiempo. Ganamos en salud, en disfrute, en felicidad y en calidad de vida.

Ya lo explicaba Jacques Leclercq en su discurso de entrada en la Academia Libre de Bélgica en el año 1936: el gran filósofo René Descartes tuvo sus sueños y visiones tras varios meses descansando; Newton descubrió uno de los grandes principios de la física sentado bajo un árbol; Platón construyó el pilar de la filosofía en los jardines de Akademos. Ninguno de ellos llegó a sus descubrimientos en un momento de vida frenética. No es corriendo y de forma apresurada como se llega al trasfondo y a la belleza de la vida.

La soledad, el descanso, el silencio, el ir con pausa, son claves para crear y para comenzar los proyectos con ilusión. El mundo está enfermo, efectivamente, sufre de estrés crónico. ¿Cómo va a funcionar la sociedad si creamos seres hiperestresados corriendo y funcionando a toda velocidad? La vida frenética indica que es el entorno quien nos dirige y no uno mismo.

Escuchar la voz interior es uno de los primeros pasos para conocerse y superarse. Esa voz no se escucha ante el frenético ruido de la vida. Paz interior, sosiego…, eso piden todas las terapias actuales. Surgen sin parar, en muchos lugares, cursos de yoga, *mindfulness* y todo tipo de meditaciones para desconectar del bullicio exterior.

¡Miramos tanto el reloj que no damos tiempo a lo importante! Aprovecha una tarde de domingo y desconecta del teléfono y del reloj; usa el modo avión en casa, sin miedo a desatender una llamada, un correo electrónico, una noticia o un tuit. No necesitas estar en línea las veinticuatro horas del día. Aprende a «perder» un poco de tiempo, ganando en paz y serenidad.

> No abarques demasiado. Aprende a renunciar. Vive el momento presente. Intenta saborear la naturaleza, la playa, el mar, la montaña, de vez en cuando. Te abrirás a grandes sensaciones que te llenarán de verdad. Eso sí, sin perder de vista tu proyecto personal. Planifica, ten puntos de referencia, pero disfrutando cada vez que llega un momento especial, deseado o emocionante.

La era digital

Volvía de México y cuál fue mi sorpresa al leer en el periódico una noticia impactante: «Facebook admite que juega con la mente de sus millones de usuarios». Sucedía en un evento médico en Filadelfia donde el cofundador de Facebook, Sean Parker, reconocía que su empresa había sido creada «para explotar una vulnerabilidad de la psicología ser humano: la retroalimentación de la validación social». La idea que plantearon cuando iniciaron la andadura con la red social era conseguir que los usuarios pasasen muchas horas en la red. Ahí surgió la idea de crear el botón *like* en su aplicación.

¿Qué sucede en el cerebro cada vez que vemos un *like*?

Entremos a entender este proceso mental y digital. Los que nos dedicamos al mundo de las emociones y del comportamiento sabemos que el universo de la pantalla —internet, redes sociales, vídeos y aplicaciones varias— está afectando profundamente la manera en la que nos relacionamos, la manera en la que procesamos la información —memoria, concentración, multitarea, educación, motivación...— y, por lo tanto, a la larga, la felicidad.

Actualmente existen empresas y programadores enfocados en conseguir que los individuos dediquen el mayor número de horas a su dispositivo. Este enfoque es consciente. Es decir, los fabricantes de estos aparatos saben y conocen exactamente cómo funciona la mente ante la pantalla y la tecnología, y fabrican los aparatos para generar un efecto adictivo.

Efectivamente, los *gadgets* y las múltiples aplicaciones recientes están diseñadas para ser adictivas. Esto es algo crucial e importante de entender —tanto en el ámbito personal como para padres y educadores—. Expliquemos en qué consiste.

Toda adicción tiene una base molecular y fisiológica conocida desde hace muchos años. Las drogas como alcohol, cocaína, pastillas, marihuana..., las apuestas, el juego, la pornografía..., están reguladas por la misma hormona: la dopamina.

La dopamina es la hormona encargada del placer. Es la que regula el sistema de recompensa del cerebro. Actúa en el instante en el que se interactúa con el objeto de placer —sexo, alcohol, drogas o redes sociales— y en los instantes previos —muchas veces se anticipa al placer y es un activador de la motivación—. En ocasiones, genera un vacío posterior, provocando una necesidad de volver a consumir ese producto al poco tiempo. Una persona adicta a la cocaína, al sexo o a las redes tiene una afectación profunda en su capacidad de atención, tiene alterada su voluntad —regulada por el autocontrol— y, a la larga, llega a percibir sentimientos de tristeza y de vacío profundos.

¿Qué reconoció el cofundador de Facebook en el evento de Filadelfia? Sus palabras fueron:

—Cuando la gente recibe un *like,* recibe ese pequeño golpe de dopamina que les motiva a subir más contenido...

¿Qué sucede? Las compañías, hoy en día, no solo buscan el márquetin tradicional y conservador, sino que intentan aunar psicología, neurofisiología y neurociencia. Captando tu mente, tu atención, generan más contenidos, más datos y más capacidad de dominar lo que compras, lo que ves, lo que decides y lo que haces.

Ahí reside la base de las drogas: en el cerebro se activan mecanismos para pedirnos un consumo seguido y prolongado de esas sustancias. La mayor parte de estos productos o bien están prohibidos o bien están regulados. No nos estamos dando cuenta de que los niños desde edades tempranas están siendo expuestos a todo este mundo digital —sin restricción— y con grandes posibilidades de alterar profundamente sus mentes, su procesamiento de la información y su capacidad de gestionar las frustraciones y las emociones.

Todo ser humano desde la infancia-adolescencia busca vías de escape para manejar sus altibajos, sus frustraciones y vacíos. No olvidemos que la pantalla tiene una función relajante y de entretenimiento. Cuando los niños y jóvenes se encuentran en conflicto, aburridos o estresados buscan el dispositivo para «relajarse». Su mente se acostumbra a que ante el esfuerzo, su vía de escape es la pantalla, las redes sociales o internet. Un alto porcentaje de la población acude a las redes —WhatsApp, Instagram, Facebook, Twitter, Tinder…— buscando ese pico de dopamina que se activa al contacto con ello. Estamos en la era del exceso de información y de la superabundancia de estimulación. Esa hiperestimulación está profundamente ligada a un consumo desmedido tanto de información como de bienes materiales e incluso ficticios. Todo se logra fácilmente a base de un clic. Cuando uno no logra lo que quiere cuando quiere, se activan circuitos de frustración que están en la base de la debilidad de carácter de muchos jóvenes carentes de capacidad de esfuerzo —¡lo que cuesta tarda en generar resultados gratificantes!—. De ahí que surjan numerosos problemas en la educación y algunos trastornos psicológicos. Me sorprende —y preocupa— enormemente la cantidad de jóvenes que veo en consulta con una apatía desmedida, desilusionados, en los que no hay forma de activar su atención y motivación. No olvidemos que las dos únicas cosas que realmente llenan al ser humano por completo son el amor —de pareja, amigos…— y la satisfacción profesional. Esos dos pilares de la vida se logran a base de esfuerzo, constancia y paciencia.

Los avances cambian a una velocidad impresionante, e impiden que la sociedad frene, pare y reflexione sobre el impacto que está teniendo todo ello en su mente, en su cuerpo y en su vida. Cuando ya estamos imbuidos por completo y alterados moderadamente es cuando intentamos sacar la cabeza y observar con cierta perspectiva. En esos momentos —ahora están surgiendo voces desde múltiples ámbitos—, nos preguntamos: ¿es demasiado tarde?, ¿hemos creado el monstruo y ahora no sabemos frenarlo? Los programadores de Silicon Valley llevan a sus hijos a colegios donde no existen apenas ordenadores, ¿qué nos estamos perdiendo?

La tecnología ha aportado grandes beneficios. Como todo, hay que aprender de nuevo a usarla; cada uno de nosotros tiene que decidir de qué manera desea controlar su atención: empezar por ver a qué dedica su tiempo y posteriormente a realizar un examen real de hasta qué punto estamos conectados-enganchados. Internet y sus derivados poseen ventajas poderosísimas para hacer la vida más sencilla en múltiples aspectos, pero su mal uso deriva en conductas perjudiciales para la mente y para el comportamiento.

Crecer entre tecnología no nos hace más inteligentes. Es cierto que ha facilitado un sinfín de actividades, pero sobre todo hemos desarrollado una característica en la mente con gran habilidad: la multitarea. La neurociencia lo denomina «alternancia continuada de la atención». Esto significa que el cerebro dedica unos minutos o segundos a realizar una tarea, luego a otra y después a otra. El cerebro no puede efectuar dos acciones al mismo tiempo si involucran la misma área cerebral. Si nos encontramos escuchando la letra de una canción en inglés a la vez que leemos un libro, no realizamos ninguna de las dos tareas al cien por cien. Se produce una alternancia en el foco de atención debido a que tocan la misma zona cerebral.

La realidad es que, cuando realizamos la función multitarea, el cerebro es capaz de captar de forma superficial mucha información pero no es capaz de retenerla. Clifford Nass, sociólogo de Stanford, fue uno de los pioneros en estudiar la relación entre el déficit de atención y la multitarea. A pesar de lo que se pueda pensar, las personas que hacen varias cosas a la vez —hablar por teléfono, contestar el correo...— son menos eficientes. Es cierto que son capaces de cambiar de foco de atención más ágilmente, pero los estudios afirman que conlleva un bloqueo de la memoria de trabajo. Si esto se generaliza, acabaremos viviendo en una sociedad superficialmente informada y carente de formación.

Los investigadores de la Universidad de Saarland (Alemania) B. Eppinger, J. Kray, B. Mock y A. Mecklinger han publicado interesantes estudios sobre el tema. Cuando la mente alterna varias tareas, los circuitos cerebrales realizan una pausa entre una y otra, consumiendo más tiempo y generando menos eficacia en el procesamiento de las tareas. Estamos hablando de una reducción de hasta un cincuenta por ciento.

El siglo XXI es el siglo de la hiperestimulación; gracias —o pese— a las «nuevas» tecnologías, el cerebro se ve expuesto y obligado a procesar cantidades ingentes de datos que llegan a nuestros sentidos, fundamentalmente la vista, que irrumpen en oleadas o de forma simultánea. Esta hiperestimulación tiene graves consecuencias; los niños y jóvenes, acostumbrados a este bombardeo, precisan estímulos cada vez más fuertes e intensos para motivarse. Esto merma su curiosidad, asombro y ganas de querer aprender algo que vaya más allá del mundo digital. Se encuentran desmotivados y su creatividad e imaginación completamente anuladas. No solo eso, desde la infancia, se les acostumbra a un ritmo de vida y a una intensidad que dificulta la serenidad y el disfrute del silencio. Se puede afirmar que los hijos saltan constantemente de un estímulo a otro.

No olvidemos que el éxito en la vida lo logran las personas que son capaces de concentrarse y enfocarse en lo que realmente desean, siendo capaces de perseverar en el propósito. La atención del cerebro se desarrolla en la corteza prefrontal. Esta zona se encarga de la voluntad, el autocontrol y la planificación de una tarea. Hay que desarrollar esta zona del cerebro en los niños desde pequeños. Es una de las más importantes de la mente.

Veamos entonces cómo se desarrolla la corteza prefrontal desde el nacimiento.

Un bebé comienza a prestar atención cuando ve luz; a los meses de vida, su atención se focaliza donde encuentra luz, movimiento y sonido. El gran reto de la educación consiste en conseguir que los niños presten atención a «cosas» no móviles ni luminosas —papel, comida, escritura, lectura, deberes...—. Se trata de encauzar su voluntad y atención para que sean capaces de concentrar su atención de forma voluntaria. Si en ese instante de su vida regalamos a los niños iPads, teléfonos o tabletas, la atención del niño vuelve a luz-movimiento-sonido. No es un avance en su corteza prefrontal, sino un retroceso claro, ya que el niño se motiva y responde como cuando era bebé. La única diferencia es que los sonidos son más intensos y las luces y movimientos cambian a una velocidad más vertiginosa.

El cerebro de los jóvenes necesita aprender a focalizar su atención, a desarrollar de manera sana la zona frontal del cerebro, responsable de la voluntad y del autocontrol. Una exposición excesiva a la pantalla inhibe el correcto funcionamiento con un claro déficit en la atención y en la concentración. Hoy existe una gran corriente sobre la importancia de la meditación, en particular, el *mindfulness* —atención plena—. Enseñamos a los jóvenes a no concentrarse y de adultos luchamos por recuperar la capacidad de autocontrol de nuestra mente y atención. Realmente hay algo que no estamos haciendo bien.

La hiperconectividad se encuentra íntimamente relacionada con la hiperactividad. El famoso TDAH —trastorno por déficit de atención e hiperactividad— guarda un estrecho vínculo con ello. Los jóvenes diagnosticados de TDAH poseen grandes dificultades en la concentración y atención y baja tolerancia ante la frustración. El uso prolongado de las tecnologías produce alternativas gratificantes, fáciles y atractivas, pero dificulta el ser capaces de prestar atención a estímulos no digitales.

Hay que educar *offline*. Sí, sobre todo a nivel emocional y social. «La comunicación cara a cara es el mejor modo de aprender a leer las emociones del otro», apuntaba Nass. No olvidemos que la tan conocida inteligencia emocional es una de las claves del éxito en la vida. La pantalla es la peor educadora para lograrla. Aísla y encapsula al niño de todo lo que le rodea. Frena la capacidad de entender las emociones, de conectar con las personas, con sus emociones y anula la capacidad de expresar lo que uno siente mirando a los ojos y no al teclado o a la pantalla. Los jóvenes de hoy no saben expresar sus emociones mirando a los ojos de la persona que tienen enfrente. Eduquemos a los niños para que sean capaces de paladear la vida, las emociones y las relaciones personales de tú a tú, mirando a los ojos de la persona que tienen enfrente.

Los jóvenes conectan más fácilmente con una pantalla, una red social o un videojuego que con la naturaleza, las personas y la realidad. No se trata de negar la tecnología, ni negar el avance digital, sino de saber introducirla de forma sensata y escalonada en la vida de los niños y adolescentes, enseñándoles a ellos mismos a controlar el acceso a las aplicaciones y a los contenidos. Decidamos realmente educar para conectar primero con la realidad de las cosas, las emociones de las personas y la naturaleza. Hecho esto, estaremos preparados para adentrarnos, paso a paso, en el mundo digital.

8
Cómo bajar el cortisol

El ejercicio

Una de las formas más efectivas para combatir el estrés, la ansiedad y la depresión es practicar ejercicio con regularidad. De esta manera fomentas la producción de serotonina y dopamina, hormonas que reducen la ansiedad y ayudan a combatir la depresión, así como de opioides endógenos que mejoran el bienestar físico y emocional.

Existe un dato fundamental que debes saber: el sedentarismo es tóxico y negativo y está considerado como la cuarta causa de muerte en el mundo según los datos de la OMS. Por lo tanto, hay que moverse, hay que pasar de la vida sedentaria y de hábitos insanos y perjudiciales para la salud.

> ¡Cuidado! El cortisol puede aumentar durante la práctica de algunos ejercicios especialmente duros, ya que el organismo los interpreta como una amenaza.

En supuestos de ejercicio extremo, el cortisol no solo no baja, sino que aumenta, alcanzando su pico después de treinta-cuarenta y cinco minutos de ejercicio duro prolongado, tras lo cual va recuperando poco a poco niveles normales. El problema es que muchas veces no disponemos del tiempo suficiente para sobrepasar esa barrera en la que los niveles de cortisol se rebajan. Esta es la razón por la cual el ejercicio extremo y demasiado intenso puede rebajar los beneficios cerebrales y acarrear riesgos cardiovasculares para el organismo a largo plazo. Por lo tanto, resulta más conveniente realizar ejercicios suaves y relajados, de baja intensidad, como yoga o pilates, o simplemente caminar. Un estudio del bioquímico Edward E. Hill publicado en 2008 en la revista *Journal of Endocrinological Investigation* concluyó que realizar ejercicio al 40 por 100 de intensidad bastaba para reducir los niveles de cortisol. Además, si el ejercicio se realiza en el campo, al aire libre, lejos del ruido y la contaminación de las grandes ciudades, sus efectos resultan mucho más beneficiosos para el organismo.

En los últimos años he indagado mucho sobre el deporte y la salud mental. Una de las pautas que más recomiendo a mis pacientes es comenzar con algún ejercicio adecuado que pueda encajar con el estilo de vida que llevan. Hace unos meses descubrí un libro, que recomiendo a los amantes del deporte, *Cerebro y ejercicio,* de José Luis Trejo y Coral Sanfeliu, que profundiza de forma interesantísima sobre los beneficios del deporte basándose en planteamientos científicos.

Todos hemos experimentado la mejoría de ánimo tras un buen partido de tenis, una carrera, un amistoso entre amigos de fútbol… ¿qué subyace tras ese estado de bienestar?

Una de las claves reside en el factor neurotrófico derivado del cerebro (BDNF). Esta sustancia se encuentra implicada en la corteza prefrontal e hipocampo principalmente —también de forma minoritaria en otros lugares del organismo—. Esta proteína maravillosa estimula nuevas neuronas, fortalece las existentes, incrementa la plasticidad cerebral y activa una secuencia genética capaz de movilizar vías cerebrales. Cuando una persona tiene el BDNF elevado, tiene mayor capacidad para aprender, recordar datos, concentrarse y a la larga, menor deterioro cognitivo.

Sus funciones cerebrales son las siguientes:

— Aumenta el volumen del hipocampo y de la materia gris.
— Mejora la capacidad cognitiva gracias a la neuroplasticidad y neurogénesis.
— Incrementa las conexiones neuronales a través de las dendritas.
— Mejora el flujo de sangre en el cerebro. No olvides que una buena circulación sanguínea y una correcta oxigenación favorecen a tu organismo de forma maravillosa.
— Puede frenar el envejecimiento del cerebro y el progreso de enfermedades neurodegenerativas.
— Disminuye la inflamación (¡algo que ahora mismo nos interesa a todos!).
— Mejora la atención, la percepción visoespacial y la toma de decisiones.

El BDNF te ayuda a tener mejor memoria y mayor capacidad de aprendizaje.

Tiene otra función clave, que tras leer este libro te interesa profundamente: es capaz de disminuir la inflamación cerebral y de bajar los niveles de cortisol.

Esta proteína puede estar baja en diferentes enfermedades psiquiátricas: desde la esquizofrenia, la depresión, el TOC o la enfermedad de Alzheimer. Los estilos de vida sedentarios, la alimentación procesada con mucha azúcar, sal y grasas saturadas provocan unos niveles bajos de esta proteína. Los estados de estrés mantenidos —¡la intoxicación de cortisol!— frenan la liberación de BDNF.

Lógicamente, la ciencia está tratando de encontrar formas de conseguir esta sustancia vía oral como suplemento para intentar abordar ciertas enfermedades, pero la realidad es que hoy la investigación no ha llegado a nada concluyente. Mientras, nos quedan métodos asequibles al alcance de todos para conseguir producir esta sustancia. Aquí te dejo unas ideas.

La primera, por supuesto, el deporte. El ejercicio físico saludable activa el gen —ubicado en el cromosoma 11— que consigue generar una señal para liberar más proteína BDNF. Desde la Universidad de Harvard, el doctor John Ratey recomienda al menos diez minutos de ejercicio suave-moderado o caminar un kilómetro al día. Otras actividades que también potencian la liberación de BDNF son el baile, una dieta sana, la exposición al sol, pasear en la naturaleza, escuchar música o potenciar las relaciones sociales con nuestras personas vitamina. La alimentación también puede ser de ayuda: algunos alimentos favorecen la producción de esta proteína como el chocolate, el aceite de oliva, los arándanos o la cúrcuma.

Otro aspecto interesante que debemos resaltar, cuando hablamos de ejercicio físico, es el lugar donde este se realiza. El ambiente en el que uno practica deporte importa, y mucho. Un estudio dirigido en el año 2005 por la doctora Jules Pretty, del departamento de Ciencias Biológicas de la Universidad de Essex, Reino Unido, descubrió los beneficios psíquicos que comportaba la práctica de deporte al aire libre en el campo —lo que denominaron *green exercise*—, en comparación con la llevada a cabo, por ejemplo, en el interior de gimnasios o en las calles de una ciudad. El experimento consistió en proyectar imágenes en una pared mientras grupos de veinte sujetos se ejercitaban sobre cintas para correr. A cuatro grupos de sujetos les proyectaron imágenes de cuatro categorías diferentes —rurales agradables, rurales desagradables, urbanas agradables y urbanas desagradables—. Al mismo tiempo un grupo control corrió sin ninguna imagen proyectada. Se comprobó la presión arterial de los sujetos y se tomó nota de dos aspectos psicológicos —autoestima y estado de ánimo— antes y después de realizar el ejercicio. Comprobaron que la proyección de imágenes agradables, tanto rurales como urbanas, tuvo un significativo efecto positivo en la autoestima y el estado de ánimo.

La naturaleza y los seres vivos inducen en la mayoría de las personas un estado de bienestar, por eso resulta fundamental para la salud mental contar con espacios verdes en nuestro vecindario. La naturaleza nos ayuda a combatir las enfermedades mentales que podamos haber desarrollado, a concentrarnos mejor y a pensar con mayor claridad.

La sola contemplación de la naturaleza ya conlleva efectos beneficiosos, como demostró Ernest O. More en 1981, al evidenciar que presos que contaban con vistas a las granjas de los alrededores de una prisión enfermaban menos que aquellos cuyas celdas daban al patio de la cárcel. En la misma línea, Roger S. Ulrich comprobó en 1984 que los pacientes que contaban con una ventana con vistas a la naturaleza precisaban un menor tiempo de estancia posoperatoria en un hospital de las afueras de Pensilvania. La contemplación de la naturaleza es buena, pero el ejercicio rodeados de esta es mejor. La doctora Sara Warber, profesora de Medicina Familiar de la Escuela de Medicina de la Universidad de Michigan, en su estudio publicado en la revista *Ecopsychology* en 2014, trató sobre los beneficiosos efectos de pasear en grupos al aire libre: se reduce el estrés, la depresión y los sentimientos negativos, al tiempo que se aumentan los positivos y la salud mental.

> El ejercicio ayuda a manejar y equilibrar el hipocampo. Cuando te sientes alterado, tu hipocampo disminuye de tamaño y la amígdala reacciona de forma más desorganizada.

En resumidas cuentas, un ejercicio moderado y lo más cerca posible de la naturaleza reducirá los niveles de cortisol, mejorará el sistema inmune, nos ayudará a combatir el estrés, la ansiedad y la depresión.

Manejar a las personas tóxicas

> Aprende a gestionar tus personas tóxicas.
> Rodéate de «personas vitamina».

Casi todos contamos con alguien cuya mera presencia o compañía —incluso el simple acto de tenerlo en mente— nos altera el estado de ánimo.

Probablemente ya sepamos, casi sin esforzarnos, quién es esa persona. Normalmente la razón última de esa negatividad se deba a que en algún momento de tu vida, esa persona tuvo una influencia perversa o impactó muy negativamente en tu vida.

—Me siento mal cuando estoy con él. Me incomoda y sacó una parte de mí que no me gusta. Cualquiera que sea el tema de conversación, sus comentarios, aunque sutiles, siempre destilan algo de desprecio. Ya no sé si es cosa mía o si veo fantasmas donde no los hay. No sé si son celos, envidia... Pero me siento vulnerable a su lado y solo cuando se marcha me relajo y respiro aliviado. Pese a ello no soy capaz de separarme de él, aunque creo que debería marcar cierta distancia. Esta situación me está cambiando el carácter y me crea angustia y cierta tristeza.

Esa persona puede ser tu pareja, tu madre, un jefe, un compañero de trabajo, un cuñado, un vecino, un amigo... En esa persona su comportamiento, presencia o forma de relacionarse nos altera e invariablemente nos quita la paz.

Son las tóxicas. Las hay de todos los tipos: inestables, celosos, paranoicos, inmaduros o neuróticos. En todo caso tienen la capacidad de desestabilizarnos, a veces en segundos, opinando, malmetiendo y evaluando constantemente nuestras vidas, decisiones o comentarios. Se vuelven espectadores con derecho a opinar sobre todo lo que decimos o hacemos y, por lo tanto, resulta muy difícil crear vínculos sanos con ellos. En ocasiones somos culpables al haber permitido que personas que sabíamos eran así accedan a nuestro círculo más íntimo.

> La persona tóxica se convierte en espectador de tu vida con derecho a opinar.

Son expertos manipuladores y saben detectar con precisión los puntos débiles de sus víctimas. El tóxico, por definición, asfixia constantemente a quienes le sufren. En ocasiones puede ser de forma voluntaria, otras en cambio no es consciente del daño terrible que causa a su entorno. No confundamos a una persona que sencillamente está pasando un mal momento con irascibilidad o cinismo puntuales con otra que de forma constante y regular despliega toda su toxicidad con quienes le padecen.

Por principio las personas tóxicas no aportan nada positivo. Cuando se trata de relaciones de pareja o familiares a veces surge un fenómeno de enganche y dependencia que cuesta ver y reconocer. Uno se autoconvence de que no alteran su equilibrio interior, e insiste en mantener esa relación tóxica por el miedo a la soledad, lo que le lleva a tolerar y soportar situaciones extremas que no debería permitir.

La clave para que nuestras personas tóxicas no nos afecten está en la actitud que tomamos hacia ellas. Hay que conseguir que no invadan nuestro mundo interior, evitar en lo posible que se entrometan en nuestra vida, y jamás permitir que anulen nuestra capacidad para tomar decisiones. Esa última barrera, la de conservar siempre nuestra libertad para decidir, puede verse recortada por obstáculos reales o imaginarios que nuestros «vampiros emocionales» utilizarán, jugando con nosotros, para lograr en muchos casos quebrar nuestra voluntad.

Aquellos que se dejan invadir por personalidades tóxicas pueden acabar con sintomatología ansioso-depresiva, sentimientos de culpa, de dependencia y con una consecuente repercusión en la autoestima.

Seis claves para gestionar a esa persona tóxica

1. Sé discreto con esas personas

En cualquier momento pueden usar la información que tienen para anularte o hacerte daño. Las personas que te quieren se alegrarán de tus éxitos y sabrán apoyarte en los momentos de dificultad. Identificada esa persona que te hace daño, procura no darle información sobre tu vida.

2. Ignora la opinión de la gente tóxica

Así serás libre frente a sus palabras y comportamientos. Relativiza su comportamiento, no le des importancia. De ti depende que ellos te influyan. Sin enfrentarte directamente, aprende a ponerte un «impermeable psicológico» por el que resbalen miradas de desdén, comentarios sarcásticos o críticas incisivas. Debes preguntarte: ¿quiero que esa persona tenga tanta importancia en mi vida?

3. Intenta olvidarte de esa persona tóxica

Aléjate, poco a poco o, sin perder las formas, de forma directa. Hay personas que llegan a nuestras vidas y las mejoran; otras en cambio cuando se alejan las mejoran todavía más.

4. Si no puedes alejarte porque forman parte de tu vida, aprende a convivir con ellas

Si esa persona va a estar en el cuadro de tu vida adáptate, no repitas con ella estrategias erróneas. A continuación pregúntate con honestidad si se trata de un «tóxico universal» —genera esa toxicidad o malestar con todo el mundo— o si se trata de un «tóxico individual» — curiosamente solo te afecta a ti—.

Tras ese primer paso, el segundo análisis consiste en desmenuzar la raíz de la toxicidad. Intenta analizar aquello que te causa inquietud en tu relación con esa persona. Es decir, ¿qué sucede en mí cuando veo a esta persona?, ¿surgen sentimientos de inferioridad, de debilidad, de rabia, de temor, de ira? Sé en lo posible tu propio terapeuta, con papel y lápiz incluso, y avanza en el diagnóstico. Intenta comprender a esa persona tóxica: ¿qué le sucede?, ¿por qué me trata así?

Siempre me ha ayudado mucho este lema ya citado en este libro: «comprender es aliviar». Cuántas veces, al comprender la situación por la que pasan otras personas, su biografía, sus traumas o problemas, nos podemos compadecer de ellas y así dejamos de sufrir.

5. Paso a realizar una propuesta arriesgada: perdonar

Un corazón resentido no puede ser feliz, y muchas veces el perdón es el mejor bálsamo que existe. Si un vehículo hace una maniobra peligrosa o simplemente maleducada, podemos pensar que el conductor es un energúmeno e insultarle y pitarle —lo que no nos proporcionará paz, pero sí subirá el nivel de cortisol— o podemos ver a esa persona como alguien ansioso o infeliz y compadecernos de ella, perdonándola.

6. Tener cerca a «personas vitamina»

Estas personas producen el efecto contrario a las tóxicas en la mente y en el organismo. Son capaces de alegrar el corazón en segundos. Recomiendo tener a mano personas buenas y alegres, con intenciones sanas, que fomenten y enriquezcan nuestro equilibrio interior. Las «personas vitamina» son aquellas que siempre tienen la capacidad de devolvernos la alegría de vivir. Tenemos que frecuentar su compañía todo lo que podamos.

> Los amargados van juntos, se contagian. Si estás en un momento de debilidad, recurrir a una persona así puede hundirte y sacar lo peor que llevas dentro. Cuando consigas no sentirte vulnerable

frente a tus personas tóxicas habrás ganado una importante batalla en la guerra por la felicidad.

PENSAMIENTOS POSITIVOS

Hemos tratado durante todo el libro la importancia de educar los pensamientos. Vamos a dar unas pautas concretas para frenar los pensamientos negativos en cascada y conseguir detener o reconducir el torrente de preocupaciones que nos acechan a diario.

Disfrutar de la vida exige ser capaces de relativizar lo negativo y saber disfrutar de las cosas pequeñas. Vivir en constante alerta, angustia o tristes impide encontrar la paz y el equilibrio imprescindibles para ser felices. La mayor parte de las cosas que nos inquietan son un cúmulo de «micropreocupaciones» que, sumadas, alteran nuestro mundo interior.

Para evitar las preocupaciones hay que sustituir esos pensamientos por ocupaciones o ideas constructivas y positivas. Ocuparnos de planes, aficiones, personas…, salir del bucle tóxico en el que nos metemos a veces de forma inconsciente. Me encanta esta frase atribuida a Van Gogh: «Si una voz interior te dice ¡no pintes!, pinta con fuerza y acallarás esa voz».

Existe una voz interior a la que yo denomino «voz comentadora del pensamiento». Es ese ruido que va comentando la jugada, el entorno, la gente con la que nos cruzamos. Tiene mucho que ver con los juicios personales, las críticas internas, las frustraciones. Educar esa voz ayuda a recuperar el equilibrio. En psicoterapia trabajo mucho este tema: conseguir frenar la corriente devastadora de pensamientos negativos que nos hunden y bloquean.

Los pensamientos negativos tienen un impacto tóxico cuyos efectos pueden durar en el cuerpo varias horas. Vivir enganchado a un pensamiento tóxico recurrente angustia, alterando el funcionamiento óptimo del organismo.

UNAS IDEAS «SENCILLAS» PARA NO PREOCUPARSE TANTO...

La base de estas ideas consiste en reestructurar el cerebro y los automatismos que surgen en tu mente y te bloquean volviendo a ellos una y otra vez. Debes ser consciente de que tus pensamientos «son reales y existen». Por mucho que no se escuchen o palpen, tienen fuerza y capacidad de alterar.

— ¿Esto que me inquieta es sustancial o carece de importancia? Detente un segundo: ¿puede ser que mi mente me esté engañando, agrandando o distorsionando este tema? Acepta que esos pensamientos no siempre dicen la verdad. En ocasiones pueden ser correctos, pero en muchos otros casos falsean la realidad.
— ¿Qué emoción me produce? Conociendo nuestro esquema, ¿cuál es mi estado de ánimo hoy? ¿Cuál es la causa del posible «bajón o momento sensible»? (sueño, drogas, cansancio, circunstancias externas...).
— Observa el impacto que cada pensamiento negativo genera en tu cuerpo. Toma conciencia de cómo puede influir en tu organismo un pensamiento tóxico o dañino (taquicardias, sudoración, dolor de cabeza, molestias gastrointestinales, contracturas musculares...).
— No traduzcas automáticamente cada pensamiento en palabras. Uno es dueño de sus silencios y esclavo de sus palabras. Haz una pausa y pondera lo que vas a decir y sus consecuencias antes de expresarte.
— ¿He sido capaz de salir de esto que me preocupa (o de algo similar) en otros momentos? ¿Cuál fue el primer paso para salir de este bucle?
— No presupongas lo que piensan los demás: «Estoy seguro de que piensa esto de mí...». Tus sospechas pueden ser infundadas. No prejuzgues.
— Háblate en positivo. Di algo sobre ti, que sea cierto y que te ayude a crecer en seguridad.

— Siente esa emoción positiva, permite que llegue a tu cuerpo aportando bienestar.
— Agárrate al presente, a tu capacidad de actuar hoy y ahora.
— Ten visión de futuro. Decide si esta es una batalla en la que compensa que te desgastes en este momento. Relativiza. Plantéate si lo que ahora parece decisivo tendrá importancia dentro de un año.
— No actúes ni respondas si tienes pensamientos automáticos negativos. Espera, date una oportunidad. Se capaz de cambiar tu lenguaje, sustituyendo por ejemplo «problema» por «desafío» o «error» por «segunda oportunidad». Emplea palabras que acerquen al optimismo como son: «alegría», «paz», «esperanza», «confianza», «pasión», «ilusión…».
— Busca lo positivo de cada situación. Cualquier circunstancia puede valorarse en clave de problema o en clave de solución. Piensa en Thomas Alva Edison y su famoso: «No fracasé, solo descubrí 999 maneras de cómo no hacer una bombilla».
— Un pequeño consejo en momentos de bucle mental: escribe el torbellino de pensamientos en un papel y refútalos. Por ejemplo: «Mi cuñada me odia». Posteriormente replicar este pensamiento: «Hoy tiene un mal día, en general no es tan dura conmigo». Puede resultar un autoengaño, pero a la larga realizar este simple ejercicio tiene consecuencias saludables para la mente y para el cuerpo.

> Que tu voz interior te apoye y no te anule. Cuidado con boicotearse, pues puede llevarte a fracasar antes incluso de haber iniciado tus propósitos.

Meditación/*Mindfulness*

En lo más profundo de los seres humanos existen potentes medios de curación, cuyo mecanismo todavía se desconoce. Me refiero a la introspección sana, a la meditación y a la oración. La mente, gracias a estos procesos, puede actuar sobre el cuerpo restaurándolo. Vamos a planear de forma sencilla sobre este tema —recomiendo el libro de Mario Alonso Puig, *Tómate un respiro: Mindfulness;* extraordinario recorrido por la historia y desarrollo de esta técnica—.

Unas pinceladas, ¿qué es el *mindfulness*?

Mindfulness significa atención plena en el momento presente. Es el arte de observar intencionada y atentamente nuestra conciencia. Es un concepto traído de la meditación budista. El *mindfulness* se centra en ocuparse con exclusividad del aquí y del ahora.

Practicarlo en las sociedades occidentales no es tarea sencilla, ya que es algo realmente contraintuitivo y exige buena apertura de miras. Remite a nuestra dimensión espiritual y escapa en ocasiones a la lógica que por lo general guía nuestra vida. No obstante, el *mindfulness* no es una religión enmascarada. En el fondo no hay nada místico ni mágico, únicamente sentido común. Supone solo un examen mental con el fin de discernir qué hace enfermar nuestra mente y qué la cura. En las últimas décadas se han multiplicado los estudios científicos que han ido desvelando los beneficios que, para cuerpo y mente, conllevan las prácticas meditativas y el *mindfulness* en particular.

La dimensión sobrenatural o espiritual del ser humano posee un poder extraordinario sobre la mente y el cuerpo. En las personas que viven su fe —sea la que sea— con fidelidad y paz, esto se traduce, según algunos estudios, en menor estrés. Esto se debe a múltiples causas, pero podemos intuir que el tener un sentido en la vida, una comunidad de apoyo, propósitos y metas… y la oración/meditación como mecanismo para lidiar contra los problemas y dificultades contribuye al tan ansiado equilibrio interior.

Trabajé hace unos años en Londres, en el departamento de Psiquiatría del hospital King's College. Colaboré y aprendí de un investigador, el profesor Danese, que se encontraba en plena fase de investigación sobre la relación entre meditación y salud física, en concreto, sobre la inflamación. Recuerdo preguntarle un día, almorzando en el comedor del hospital, si los efectos eran similares en la meditación budista, en *mindflulness*, en la oración de los cristianos, de los judíos... La respuesta fue clara: sí, siempre y cuando se realicen con estos dos elementos: aceptación y abandono. Me explicó que el problema de la oración y de algunas técnicas meditativas es que uno acude pidiendo, exigiendo, implorando... con angustia, y eso, más que aliviar, a veces genera mayor intranquilidad.

Invertir un poco de tiempo en meditar con atención plena sobre lo que están experimentando nuestros sentidos en el momento presente nos hace ganar tiempo, aumenta la eficacia en todo aquello que emprendemos, mejora la atención y concentración, la capacidad para aprender cosas nuevas y la creatividad. Practicar *mindfulness* supone ejercitar el cerebro, del mismo modo que al practicar un deporte se ejercitan los músculos.

La oración añade un componente fundamental. En el caso del *mindfulness* la clave radica en soltar pensamientos tóxicos asociándolo a una plena conciencia de los sentidos y del hoy y ahora. Cuando existe una visión espiritual de la existencia, la oración suma a las ventajas del *mindfulness* la fe en un ser superior, Dios, y la íntima confianza de que todo lo que nos ocurre tiene un sentido.

El sistema de creencias asociado a las religiones potencia el cuidado de las relaciones personales, al promover de manera muy activa la empatía, el amor a los demás y la capacidad para perdonar.

Mindfulness y empresa

El mundo empresarial le otorga hoy gran importancia al *mindfulness*, dado que ha quedado demostrado que el mito de la multitarea no es más que eso, un mito, y que realizar varias cosas a la vez conlleva un déficit en la eficiencia —la denominada «alternancia continuada de la atención»—. Cuando realizamos varias cosas a la vez, invertimos mucho más tiempo, cometemos más errores y nos cuesta recordar aspectos relacionados con el trabajo. Al contrario, al estar totalmente presente y atento en tu trabajo, tu labor será más eficaz, tomarás las decisiones acertadas y colaborarás más eficazmente con tus compañeros.

También se han realizado estudios para ponderar la eficacia de la práctica del *mindfulness* en el universo de los negocios. El neoyorquino Jon Kabat-Zinn desarrolló en 1979, a través del Centro Médico de la Universidad de Massachusetts, el programa Mindfulness Based Stress Reduction —Reducción del estrés mediante *mindfulness*— de ocho semanas de duración. Los resultados fueron concluyentes: el nivel de estrés se había reducido y se sentían con más energía en el trabajo. Asimismo, observaron que se había incrementado la actividad en el área prefrontal izquierda —que regula la activación de la amígdala y estimula el sistema parasimpático— y que presentaban una mayor producción de anticuerpos ante la administración de un virus de la gripe atenuado que un grupo de control que no participó en el cursillo de *mindfulness*.

Cada vez se está instaurando más esta práctica en diferentes empresas por todo el mundo. Las ventajas son evidentes.

Mindfulness y sistema inmune

En los últimos años, David S. Black, profesor asistente de Medicina Preventiva de la Escuela de Medicina de Keck, perteneciente a la Universidad de Southern California, ha publicado numerosos estudios acerca de los beneficios del *mindfulness* en nuestra salud. Llevó a cabo la primera revisión exhaustiva de ensayos controlados aleatorios que examinaban los efectos del *mindfulness* de acuerdo a cinco parámetros del sistema inmunitario: proteínas inflamatorias circulantes y estimuladas, factores de transcripción celular y expresión génica, cantidad de células inmunitarias, envejecimiento de estas y respuesta de los anticuerpos. Sus hallazgos sugieren efectos interesantes del *mindfulness*: una reducción importante de los marcadores específicos de inflamación —¡conocemos los efectos nocivos de esta!—, alto número de linfocitos T CD4+ —son como los «generales» del sistema inmune— y actividad incrementada de la telomerasa alargando sus telómeros[1]. Estos estudios son el inicio, pero resultan alentadores.

> Sé proactivo. No tengas miedo a creer en la trascendencia de tu ser y de la vida. Aprende primero a respirar con atención en momentos de calma, cuando no estés estresado o sometido a una crisis. Ve entrenando tu mente poco a poco, paulatinamente. Presta atención a lo que te rodea, conectando de forma profunda con tu esencia, hasta llegar a descubrir un mundo maravilloso.

Omega 3

Todos los pacientes, familiares o personas que se cruzan en mi vida saben que soy una fiel defensora del consumo de omega 3. Todo comenzó hace unos años. Yo padecía de un problema severo en las encías y una dietista cercana me recomendó consumir omega 3 a diario. De forma sorprendente, tras varias semanas, los problemas cesaron de golpe. He observado que tras etapas de mucho estrés, las dolencias vuelven y el aceite de pescado frena los efectos perjudiciales.

Ingerir omega 3 es una manera muy sana de potenciar tu estado de ánimo y capacidad cognitiva. Aunque hay seis tipos de ácidos grasos omega 3, solo tres de ellos se relacionan con la fisiología humana: el ácido α-linolénico (ALA), el ácido eicosapentaenoico (EPA) y el ácido docosahexaenoico (DHA). Nos centraremos en los dos últimos.

Se suelen denominar ácidos grasos esenciales porque resultan de vital importancia para ciertas funciones del organismo, y por-

---

[1] Recordemos que la longitud del telómero actúa como un medidor del número de veces que puede dividirse una célula, esto es, del tiempo que nos queda de vida.

que ninguno de estos ácidos grasos puede ser producido de forma autónoma dentro de nuestro organismo, por lo que es necesario adquirirlos a través de la dieta.

El EPA —ácido eicosapentaenoico— es precursor de algunos eicosanoides. Estas son moléculas de carácter lipídico —grasas— que poseen funciones importantes antiinflamatorias e inmunológicas. Este ácido graso puede obtenerse a través de la ingesta de pescados —salmón, sardina, atún, caballa, arenque...— y de aceite de pescado —aceite de hígado de bacalao—. En medicina interna este ácido graso se emplea como hipolimemiante, es decir, para disminuir los niveles de lípidos —colesterol y triglicéridos— en sangre.

El DHA —ácido docosahexaenoico— se encuentra principalmente en aceites de pescado, aunque también en algunas algas como la espirulina. En realidad, en origen se encuentra en estas algas, de las que se alimentan los peces, y poco a poco se va concentrando conforme avanza por su paso en la cadena alimenticia. Se concentra especialmente en el cerebro, retina y células reproductoras. Las neuronas y la sustancia gris del cerebro están compuestas de gran cantidad de grasa, por lo que este componente es clave para su desarrollo y función adecuada. El cerebro precisa de un nivel adecuado de DHA para su desarrollo óptimo. En caso contrario, nos encontramos ante un déficit en la neurogénesis y en el metabolismo de neurotransmisores.

El omega 3 posee una importante función antiinflamatoria.

Los estudios llevados a cabo por parte del bioquímico nutricional estadounidense William E. M. Lands desde 2005 han demostrado que niveles excesivos de omega 6 en relación con los de omega 3 están asociados con ataques al corazón, artritis, osteoporosis, depresión y cambios de ánimo, obesidad y cáncer. El exceso de omega 6 está en la base de múltiples patologías. La doctora de origen griego Artemis P. Simopoulos publicó en 2002 que no solo es importante ingerir ácidos grasos esenciales, sino que resulta aún más crucial el hacerlo en una proporción adecuada entre omega 6 y omega 3. Los humanos hemos evolucionado consumiéndolos en una proporción de 1:1, pero en las últimas décadas, debido al auge del consumo de carne y de productos procesados, esa proporción se ha elevado a 10:1 en las dietas occidentales —en Estados Unidos puede alcanzar el ratio de 30:1—. Se ha demostrado que disminuir la proporción ayuda a prevenir enfermedades cardiovasculares, asma, artritis reumatoide y cáncer colorrectal.

La leche materna contiene DHA —si la madre lo ingiere previamente—, que es vital para el desarrollo neuronal y cerebral del lactante, aunque también se recomienda la ingesta de este ácido graso por parte de la madre en el periodo de gestación. Pero el DHA no solo resulta vital en la infancia, sino que empiezan a surgir estudios que vinculan niveles adecuados de omega 3 con una probabilidad significativamente menor de desarrollar demencia y alzhéimer. Por el contrario, niveles bajos en DHA en ancianos se asocian con un aumento de probabilidades de declive cognitivo acelerado. El cerebro es altamente dependiente de este ácido graso, y bajos niveles del mismo se han relacionado con la depresión, deterioro cognitivo y otros trastornos. Incluso pacientes con déficits de memoria, tras la ingesta de un gramo diario de DHA durante seis meses, han mejorado su memoria. Por otro lado, pacientes diagnosticados de alzhéimer, tras la ingesta de suplementos de omega 3 han desarrollado la enfermedad de manera más lenta. El DHA también se ha señalado como una fuente principal de neuroprotectina, sustancia implicada en la supervivencia y reparación de las células del cerebro.

Tomar aceite de pescado a diario posee efectos sanos y beneficiosos a múltiples niveles. Incluso se ha observado, en un estudio publicado en el 2010 por el profesor Farzaneh-Far de la Universidad de Illinois, una relación positiva entre niveles elevados de omega 3 y la longitud de los telómeros.

Finalmente, los beneficios del aceite de pescado incluyen mejoría en la atención en el trastorno por déficit de atención e hiperactividad. Los jóvenes que ingieren omega 3, presentan una mejoría en sus calificaciones. Hoy, la Asociación Americana de Psiquiatría —y múltiples manuales de salud mental— recomiendan ingerir omega 3 como medida de prevención para frenar el desarrollo de algunas enfermedades mentales —esquizofrenia, depresión, trastorno bipolar...— y para el tratamiento de las mismas.

Recomiendo tomar 1 o 2 gramos al día, dependiendo de la sintomatología. Si existe más riesgo inflamatorio, emplear con mayor contenido en DHA y con sintomatología más neuropsiquiátrica potenciar el componente EPA.

9
Tu Mejor Versión

Para llegar a cualquier éxito o triunfo en la vida hay que comenzar por algo que de primeras puede parecer sencillo, pero que tiene su dificultad si uno desea realizarlo correctamente.

¿Quién soy yo?

Conocerse es el inicio de la superación. Para llegar al proceso interior de superación-transformación, suelo trabajar con mis pacientes —y te recomiendo a ti que lo hagas— tres pasos:

1. Conocerme

Necesito saber cómo soy. Qué me caracteriza, qué es lo que más me gusta de mí, lo que menos... Siempre digo que hay cuatro facetas en el proceso de autoconocimiento:

— Lo que los demás perciben de mí: mi imagen.
— Lo que creo que soy: el autoconcepto.
— Lo que soy de verdad: mi esencia.
— Lo que muestro en las redes-internet: mi *e-imagen*.

2. Comprenderme

Saber qué me ha llevado a responder así ante ciertas situaciones, entender mi genética, mi pasado, mi forma de relacionarme con otros —jefes, amigos, empleados, pareja...—. Acude a tu infancia con cuidado. ¡Evita terapias imposibles en las que acabes enfrentado a tus orígenes! Cuando eres consciente de tus limitaciones, barreras, miedos, y comprendes de dónde surgen, estás avanzando a pasos agigantados en tu trabajo interior y en tu capacidad de gestionar las emociones.

3. Aceptarme

Asimilar ciertas «cosas» que han sido o son así y no pueden ser modificadas haga lo que haga.

Es importante aceptar que uno tiene limitaciones, que comete errores y que se puede equivocar. No se triunfa en la vida por no tener defectos e imperfecciones o por no equivocarse, sino por aprender a potenciar las facultades y aptitudes.

Tus defectos no tienen por qué hacerte daño si los conoces y eres capaz de neutralizarlos con tus fortalezas.

Los triunfadores son aquellos que disfrutan de su trabajo y son excelentes en algo específico. No son distintos a ti, son personas que dedican su tiempo a brillar, a pulir y a intentar potenciar sus capacidades enfocándose en algo en lo que son buenos o que les gusta. No todos tienen la suerte de trabajar en algo que les encante, pero el hombre feliz, de éxito, el profesional que es capaz de liderar, ama lo que hace y lo hace bien. Dice un texto clásico: «Ama tu oficio y envejece en él».

Talento + Pasión = Vocación

Si piensas en personas a las que admiras profundamente, da igual el campo de acción —deportistas, empresarios, periodistas, médicos, líderes espirituales, escritores...—, te darás cuenta de que son individuos que se han centrado en algo y lo han fortalecido. No digo con ello que no sean buenos en muchas «teclas», me refiero a que han sabido enfocarse en algún punto específico que les hace mejores que el resto. Cualquier persona que traigas a tu mente ahora mismo —¡sí, cualquiera!— está librando una batalla interior en mayor o menor medida y ha sufrido para llegar hasta donde está.

Recuerdo que en una conferencia conocí, hace unos años, a un cantante extranjero muy famoso. Había vendido millones de discos y celebraba conciertos multitudinarios por todo el mundo. Me inspiraba algo más que por sus simples canciones y se lo transmití. Yo era «muy fan» y me acerqué a pedirle una foto. Era una persona que en el tú a tú mostraba una cercanía y atención sorprendente; me preguntó por mi familia, mi profesión... Al comentarle que era psiquiatra, me dijo:

—He estado mucho tiempo en terapia, tengo ataques de pánico en lugares con mucha gente e incluso a veces en el escenario. Es mi lucha diaria, espero superarlo del todo algún día.

¡Pánico a los lugares concurridos un cantante conocido mundialmente! He visto conciertos suyos por YouTube y en directo; nunca me olvido de esa conversación breve y sonrío pensando que, a pesar de un miedo tan atroz, este hombre triunfa allá donde va.

Roger Federer

Federer es una leyenda viva, sin duda el mejor y más elegante jugador de tenis de la historia. Ha roto todos los récords en su deporte y cuenta con adeptos por todo el mundo. En una entrevista publicada en julio del 2013 en el diario *Marca,* el periodista señalaba: «Usted siempre ha tenido un gran servicio, una mejor derecha, una buena volea, al igual que variedad en los cortados. Su punto débil parece ser el revés».

«Yo tenía dos opciones: potenciar mis cualidades o mejorar mis debilidades. Si hacía lo segundo me convertía en un tenista demasiado previsible. Al final, lo que paga las facturas son mis virtudes. No me veo haciendo lo que hacen algunos de pasar mil bolas con el revés e intentar no fallar para mejorarlo».

Por lo tanto, ¿qué es un líder? Todo líder requiere tres cualidades: tener un mensaje, saber comunicarlo y ser optimista al respecto.

Parece difícil encontrar a alguien que inspire de esta manera. Los políticos que copan los medios de comunicación, por ejemplo, con frecuencia no saben comunicar y normalmente sus mensajes son ambiguos y calculados, cambiando según el público al que se dirigen o qué les interesa más. «Líderes» así no nos valen. La gente que marca, que arrastra, es la que irradia coherencia, paz y felicidad.

TMV: Tu Mejor Versión

Una vida lograda requiere reflexión, conocimiento, trabajo, esfuerzo, sentido del humor... ¡Tantas cosas! He plasmado en una ecuación lo que para mí sería la clave de TMV para la vida.

TMV precisa, ante todo, ¡ganas de vivir! Eso significa que, a pesar de los avatares diarios, luches por ser lo mejor que puedas siempre. Esto, lógicamente, no se aprende en un libro, se aprende viviendo, disfrutando, sintiendo y paladeando tu vida, pero sobre todo cayéndote y volviéndote a levantar.

Tú eres el resultado de tus decisiones. Tienes que darte cuenta de que tus decisiones condicionan tu vida, de que no debes dejarte llevar.

TMV =
(Conocimientos + Voluntad + Proyecto de vida) x Pasión.

He dicho que eres el resultado de tus decisiones; con la pasión adecuada y la voluntad ejercitada y fortalecida, puedes conseguir casi lo que te propongas. Digo «casi» porque existe un factor, llamémosle suerte, destino o providencia, que no siempre nos permite triunfar o alcanzar nuestros propósitos, por muy realistas que fueran. Pero antes que nada los riesgos…

Como toda ecuación…

— Si fallan los conocimientos… ¡nada hay más «peligroso» que un tonto motivado y con ganas!
— Si falla la voluntad… ¡empezarás con ilusión y conocimiento pero se apagará en poco tiempo!
— Si falla el proyecto de vida… ¡serás esclavo de lo inmediato y de la gratificación instantánea!
— Si falla la pasión… ¡nunca serás líder, nunca brillarás y contagiarás al resto y (por supuesto) evitarás disfrutar de un envejecimiento saludable!

Los conocimientos

La suerte favorece únicamente a la mente preparada.

Louis Pasteur

Esta cita del científico francés siempre me ha resultado alentadora. Posteriormente, el escritor Isaac Asimov la reforzaba para explicar que solo el que se prepara, estudia y se ejercita con voluntad y ahínco puede aspirar al éxito en su vida.

Esto, trasladado a nuestro campo, posee una enorme fuerza. Quizá la suerte —¡o la providencia!— salgan a nuestro encuentro, pero no seamos capaces de percibirlo o interpretarlo convenientemente. La suerte favorece a quien esté preparado y formado, a quien haya adquirido destreza y conocimientos suficientes para aprovecharla cuando llegue… si llega… Todos contamos con una herramienta poderosa para alcanzar nuestros objetivos: nuestra capacidad de cultivarnos y estudiar. La clave es: ¿estás dispuesto a aprender?

En terapia aplicamos la «biblioterapia». Por un lado, recomendamos libros de ayuda psicológica de cierto nivel que te ayudan a entender lo que te sucede o pautas para superarlo... y por otra parte, novelas que te enganchan y te ayudan a salir de los pensamientos negativos o estados emocionales tóxicos.

> Evita la caja tonta, las horas perdidas en las redes, o los vídeos de YouTube. Salir a la calle, el ejercicio y la lectura son potentes antidepresivos y ansiolíticos.

La voluntad

No olvides que tu mejor versión sobresale cuando te enfocas en tus capacidades expuestas con orden, disciplina, constancia y trabajo. Debes aprender a dejarte la piel, cada día... según las capacidades que tengas.

¿Qué es la voluntad?

Es la capacidad de posponer la recompensa y la gratificación instantánea. Una persona con voluntad posee una visión larga de la vida y es capaz de ponerse objetivos concretos y aventurarse para alcanzarlos. La voluntad requiere determinación, decisión y tesón.

La diferencia entre querer y desear radica en eso. El querer precisa de una decisión sólida. El deseo busca la posesión o la gratificación de algo de forma inmediata: una comida, una bebida, un deseo sexual o un impulso. Tiene el componente de la rapidez y llena de forma momentánea a la persona, pero no la engrandece. Por el contrario, el «querer» busca un objetivo más lejano, que requiere un plan concreto, bien diseñado y poner esfuerzos continuados para llegar a conseguirlo. Es más pleno porque dicho proceso nos ayuda a crecer como seres humanos.

Tener una voluntad bien educada es la consecuencia de un trabajo personal sostenido en el tiempo a base de esfuerzo y renuncias, lo que nos va convirtiendo en individuos fuertes y consistentes, capaces de buscar no lo más fácil, sino lo que es mejor para cada uno. No es genética, sino adquirida; no se nace con ella, sino que se conquista.

Voluntad es determinación. Escoger una dirección concreta, haberla pensado previamente, valorar los pros y los contras y poner rumbo a esa meta. Uno de los indicadores más claros de madurez de la personalidad es tener una voluntad recia. Y al revés, uno de los síntomas más evidentes de inmadurez de la personalidad es tener una voluntad débil, frágil, quebradiza, que pronto abandona la lucha por llegar a la meta propuesta.

Este apartado daría para un libro entero. De hecho, recomiendo vivamente el libro *5 consejos para potenciar la inteligencia*[1]. El orden, la constancia, la perseverancia y el esfuerzo son los motores que impulsan cualquier proyecto o empresa hacia adelante. Sin ellos, las ideas, por buenas que sean, se acaban diluyendo y perdiendo fuerza.

> Tener una voluntad bien educada nos conduce
> hacia la mejor versión de tu proyecto de vida.

Fijarse metas y objetivos

Las metas son a largo plazo, los objetivos a corto. Decía Séneca: «No existe viento favorable para quien no sabe adónde va». El que no tiene un plan es esclavo de lo inmediato. Reacciona según impulsos, emociones o sentimientos, por lo que —más aún en esta sociedad nuestra— es tremendamente manipulable.

Algunas personas han iniciado su proyecto en condiciones bastante peores que la tuya; pero han logrado llegar donde se propusieron. Por lo tanto, no temas cambiar de metas y objetivos si es

[1] *5 consejos para potenciar la inteligencia*, Enrique Rojas, 2016. Madrid: Temas de hoy.

necesario para tu salud física, mental o para mejorar tu relación de pareja, familia o amistades. Los hábitos y las costumbres asentadas en tu forma de ser tienen una enorme influencia en tu vida. Uno decide cambiar de verdad en las crisis serias, personales, económicas, familiares… o en la enfermedad. Como bien dice el doctor Valentín Fuster, cardiólogo del Mount Sinaí de Nueva York: «Lo mejor para dejar de fumar es un infarto».

Deja tu corazón volar, traza un plan de acción y ejecútalo.

El proyecto de vida parte de tener un foco donde agarrarse y apoyarse. Ten un plan, sé realista y sal a buscarlo. Decía al inicio del libro que pocas cosas han hecho tanto daño como la frase «llegará cuando menos te lo esperes». Esto nos lleva a una actitud pasiva, a la espera, muy peligrosa… quizá nunca llegue nada. ¡No tengas miedo a ilusionarte, a imaginar algo grande, trazar un plan y llevarlo a cabo! Tener un plan conlleva la satisfacción personal de ser capaz de paladear los diferentes logros o hitos que se van alcanzando. Ahí, en esos pequeños pasos, radica la verdadera felicidad. ¡No en obsesionarse con una meta! Es fundamental saber reconducir los planes según las circunstancias…, si no uno puede acabar profundamente frustrado ante el fracaso.

La pasión

Hay que dedicarle más tiempo
a las cosas que nos hacen realmente felices.

Anónimo

La pasión no suma, multiplica. Mejora las conexiones neuronales, potencia la neurogénesis —producción de nuevas neuronas— y alarga los telómeros. Hemos sido creados para ser felices, para transmitir dicha felicidad a otros y compartir las cosas buenas de la vida. Un dato interesante: según estudios realizados en la Clínica Mayo, la esperanza de vida se reduce hasta un 19 por 100 en los pesimistas.

¿Qué dijo Pep Guardiola al llegar al Barça?: «Os doy mi palabra de que nos esforzaremos al máximo. No sé si ganaremos o perderemos, pero lo intentaremos. Abrochaos los cinturones. Lo pasaremos bien». Así fue, durante años disfrutamos —¡incluso los aficionados del Real Madrid!— de un fútbol espectacular.

¿Se puede aprender a ser optimista?

Definitivamente, sí. El psicólogo israelí Tal Ben-Shahar imparte el curso más concurrido en la Universidad de Harvard, en el que enseña a ser feliz. Podemos aprender a ser positivos. Es un trabajo lento, pero lleno de satisfacción y de posibilidades para mejorar nuestra salud física y mental. El optimismo es una forma de capturar el instante presente, ya que, como hemos insistido a lo largo de estas páginas, la felicidad no es lo que nos sucede, sino cómo interpretamos lo que nos sucede. La gente que ha llegado más lejos en la vida poseía una visión optimista del mundo y de las personas y sabía comunicarla a los demás. El optimista sabe ver un proyecto, mientras que el pesimista encuentra siempre una excusa para no empezar.

Como bien dice Murray Butler, hay tres clases de personas: «los que hacen que las cosas pasen, los que miran las cosas que pasan y los que se preguntan qué ha pasado». ¿Quién eres tú?

10
EN BUSCA DE LA ATENCIÓN PERDIDA

Hace unos meses me preguntó un periodista:

—Si tuviera usted «poderes mágicos», ¿qué mejoraría en la mente de las personas del siglo XXI?

Rápidamente se me ocurrieron tres o cuatro cosas, pero solo valía una respuesta para el entrevistador. Mi contestación fue:

—Recuperar la capacidad de controlar y enfocar nuestra atención.

> La atención es el sistema mental diseñado para crear prioridades en nuestra vida. Es el filtro que selecciona y prioriza la información y los pensamientos.

¿Por qué es tan importante la atención? Porque cuando la activamos nos obligamos de forma automática a desechar otros pensamientos, actividades o comportamientos para poder actuar o pensar de manera efectiva.

Te doy un ejemplo. Imagina que estás en un restaurante cenando con amigos y que estos te están contando sus vacaciones. Para ser capaz de «enterarte» de la conversación, es decir, para prestar atención a lo que dicen, «te inhibes» del ruido de platos, de otras conversaciones de mesas contiguas o de la eventual distracción de camareros que pasan sirviendo la comida. Si estás a «mil cosas», no prestas interés y no captas lo que te están relatando. ¡Por eso es tan importante ser capaces de activar la atención!

En caso contrario, vagabundearíamos por la vida, desorientados, percibiendo estímulos aleatorios del entorno sin orden ni concierto.

Las cosas a las que prestas atención determinan tu calidad de vida.

Si tienes tu atención averiada o disipada, vives expuesto a multitud de emociones y sensaciones. He insistido a lo largo de estas páginas y de años de terapia y conferencias en que las cosas buenas suceden en la vida real. La virtual se construye a base de gratificaciones instantáneas, chispazos a golpe de clic. Hay que volver a conectar con lo bueno que nos sucede cada día; ahí radica eso que llamamos la felicidad. A diario nos ocurren gran cantidad de cosas buenas, malas y neutras. Cómo tengamos educado nuestro enfoque, influirá decisivamente en nuestra interpretación del día a día.

Pero controlar la atención requiere esfuerzo, y ¡cómo cuesta el esfuerzo! Como dice el gran Lao-Tsé, «el que se conquista a sí mismo es invencible». Vencerse es el primer gran paso en esta carrera de superación donde los estímulos constantes son el gran obstáculo.

Cuando uno es capaz de enfocar su atención:

— Favorece el autocontrol.
— Aprende a gestionar las emociones de forma más sana.

Muchas voces se alzan en el mundo de las emociones, la mente y el comportamiento sobre la importancia de reconducir y enfocar la atención. Cada vez que observamos algo, que sentimos, que percibimos, nuestra atención «decide» qué hacer con esa sensación, percepción o pensamiento.

Expondré tres casos para explicar ese tema de la mejor manera posible:

— El caso de Lourdes: cuando la atención se queda enganchada en el pasado y en todo lo negativo del entorno.
— El caso de Valentina: cuando la atención vive enganchada en las redes sociales. Adicción a la pantalla.
— El caso de Sergio: cuando la atención está enfocada en agredir a los demás.

Conectar con las cosas buenas del presente

El caso de Lourdes

Lourdes acude a mi consulta derivada por su hijo, que está preocupado por su madre debido a que lleva meses sin salir de casa, sin sonreír y sin capacidad de ilusionarse por nada.

Lourdes ha tenido una vida difícil: se quedó viuda tras siete años de matrimonio con tres niños pequeños. Comenzó a trabajar en la limpieza, posteriormente cursó estudios de secretariado y trabajó muchos años en la administración de una empresa. Tiempo después su única hija fue diagnosticada de un cáncer fulminante y con veinte años falleció. Ha pasado mucho tiempo desde aquella fatalidad, pero ella no ha sido capaz de superarlo.

Hoy es abuela de cuatro nietos que viven cerca de ella y la visitan a diario. No sonríe, solo se queja. La visión que tiene sobre la realidad es triste, desoladora y desesperanzadora.

Su hijo mayor tiene un buen puesto de trabajo gracias al esfuerzo que ella realizó para que sacara adelante sus estudios superiores. Su segundo hijo es deportista profesional y ha ganado varias competiciones internacionales en su especialidad. Ha invitado a su madre a finales, campeonatos y eventos de lo más entretenidos, pero se ha negado a acudir y, cuando ha accedido, ha mantenido una actitud dura y crítica contra todo lo que sucedía.

Cuando la recibo en consulta se queja del frío de Madrid de las últimas semanas, de la incomodidad de las sillas y del color de las paredes. ¡Nada le gusta! Los hijos me insisten en que, a pesar de que su vida ha sido dura, en los últimos diez años todo lo relacionado con la familia ha sido bueno. Entienden el dolor del duelo, pero creen que su madre tiene toda una vida por delante para disfrutar.

Hablo con Lourdes y, efectivamente, me encuentro con una mujer «neurotizada» con su pasado. Entiendo y admito su sufrimiento, pero le explico la importancia de avanzar. El duelo por un hijo no se supera nunca, se aprende a vivir con ello, cada vez con menos dolor, aunque siempre está presente. Le explico que su atención está fijada en un recuerdo, en un instante cargado de pena y esta es la razón por la cual es incapaz de ver nada positivo de la vida.

Lourdes estuvo en terapia seis meses conmigo. Costó mucho sacarle de su zona mental, de su circuito neuronal de tristeza, rabia y frustración. Pauté un fármaco antidepresivo que alivia las obsesiones que resultó muy efectivo e impulsó su mejoría. Comenzamos con un programa de conducta muy concreto: ideas para ir saliendo de casa, planes... y, sobre todo, abrir la mente para poder disfrutar de las alegrías que le brindan sus hijos y nietos. No ha sido una mejoría extraordinaria, pero sí lo suficiente para volver a encontrarle un sentido a su vida.

Hay duelos insuperables, enfermedades incurables, pero todo se puede aliviar y afrontar mejor si centramos la atención en lo positivo de la vida.

¡Qué difícil resulta a veces salir de la zona tóxica del cerebro! Los pensamientos en bucle se adueñan de nuestra atención y nos bloquean para percibir la realidad.

La atención consiste en gestionar lo que nos llega de lejos y de dentro. De las circunstancias y personas del entorno, así como de nuestro mundo interior —pensamientos, estado de ánimo...—. En el caso de Lourdes, su gestión de todo lo que sucedía a su alrededor estaba supeditada a su estado de ánimo bajo, enfadado y resentido.

La mente se puede reeducar; es esencial retirar la atención de un evento traumático del pasado si no queremos «saltarnos» un presente cargado de cosas buenas. Si no conseguimos esta tarea, estamos condenados a vivir envueltos en pensamientos tóxicos o negativos. Existen diferentes terapias que ayudan a solucionar estos problemas. Los resultados son sorprendentes y se alcanzan en poco tiempo de práctica.

¿Te has dado cuenta de que cuando algo te interesa buscas centrar toda tu capacidad al servicio de ese objetivo? No olvides que cada vez que fijas tu atención en algo concreto, estás modelando y tallando tu cerebro en tiempo real. Tú puedes aprender a dirigir tu atención y a gestionar cómo responder ante lo exterior si te lo propones de verdad. Cuando lo consigues, estás modificando tu cerebro: ¡neuroplasticidad en estado puro!

Como ya hice anteriormente, me ciño a las palabras de don Santiago Ramón y Cajal: «Todo ser humano, si se lo propone, puede ser escultor de su propio cerebro».

No olvides que hay muchas personas que no son capaces de salir de un estado ansioso o depresivo porque han perdido la capacidad de controlar y gestionar su atención, lo que les hace volver una y otra vez al evento traumático.

Desconectar de la pantalla

El caso de Valentina, la influencer

Valentina viene a verme por primera vez una mañana de primavera. Muy estilosa, con melena rubia y con tacones altos. Le pregunto nada más entrar:

—¿A qué te dedicas? Me responde sonriente:

—Soy *influencer.*

Reconozco que me sigue impactando esta nueva «profesión» con tanta repercusión sobre la sociedad.

Continúa explicándome que tiene más de medio millón de seguidores en las redes.

—Cuento lo que hago en mi día a día, añado frases motivadoras, muestro mis *looks*...

Acto seguido, ya centrada en la consulta, me narra su historia y poco a poco comienzan a brotar las lágrimas de sus ojos. Una angustia terrible se traduce en sus palabras. La relación con su novio es mala, él no la trata bien. Su padre y ella llevan varios años sin hablarse y hace un par de semanas se tomó un blíster de pastillas para dormir.

—No sé cómo sigo viva —me confiesa.

Sigo escuchando su historia, todo ello entremezclado con vivencias relacionadas con el mundo de la moda, del *glamour,* las fiestas... En un momento dado suena su móvil, lo saca y me dice:

—Ahora mismo vuelvo.

Efectivamente, un par de minutos después entra en la consulta repeinada y recién maquillada.

—¿Me harías una foto con este cuadro que tienes detrás? Me parece inspirador —me pide.

Intrigada, se la hago.

—Dime algo que motive a mis seguidores, a esta hora de la mañana suelo subir siempre alguna foto —me vuelve a pedir.

Y entonces observo cómo sube la imagen a Instagram. Respondo con una frase de un pensador oriental y minutos más tarde empiezan a surgir notificaciones en la pantalla de su dispositivo —«¡me gusta!», «gracias por ser una fuente de alegrías», «eres maravillosa», «me encantaría parecerme a ti»...—.

Me mira y de forma pausada me dice:

—Esta es mi droga, mis seguidores me mantienen con vida.

Expliqué a Valentina su situación y el funcionamiento que tenía su cerebro ante la gratificación instantánea. Las redes sociales activan lo que el director del Instituto Nacional de Salud Mental de Estados Unidos, Thomas Insel, denomina *social brain*.

Nada inspira y mueve tanto al ser humano como el sentirse valorado por otros. Esa es la razón por la que Valentina, a pesar de su malestar interior, necesitaba constantemente ver su red social para sentirse aliviada.

> Las redes activan el mecanismo de motivación más poderoso de nuestra mente: el sentirse respetado, apreciado, reconocido y querido.

Probablemente te ha sucedido en alguna ocasión: te encuentras ante una situación de estrés, de angustia o de vacío interior. En ese instante tu cerebro te pide *likes,* actualizaciones o conversaciones por alguna red social. Se convierte en un remedio para una circunstancia desagradable que emocionalmente no sabes gestionar. Lo más importante en ese momento es ser consciente de ello. Explicado de otra manera: es como si cada vez que te encuentras mal acudes a una tienda y te compras zapatos y bolsos, apuestas por internet, pasas un rato consumiendo pornografía o te tomas una copa.

Todos esos comportamientos compulsivos nos proporcionan un placer inmediato y fugaz, pero no solucionan el problema de fondo. Más bien al contrario, lo agravan, puesto que al taparlo momentáneamente se convierten en una válvula de escape frente al problema real no resuelto, transformándose fácilmente en una adicción. Te evades del malestar que sientes buscando un placer rápido que palía esa sensación. Esta es la razón por la cual la pantalla, entre otras, se ha convertido en una salida al sufrimiento y al estrés.

> Tu atención se encuentra secuestrada por esa necesidad constante de sentir aceptación y gratificación por parte del entorno.

¿Qué es recomendable en estos casos? Para conectar con tu interior, para ahondar en los grandes temas de la vida y para reconectar con las personas de tu entorno y gestionarlas de forma sana es preciso que desconectes de las redes sociales. No es fácil, los primeros días, cuesta; pero a la semana te sientes aliviado. Si estás ahogado en el mundo digital y no consigues detenerte para reflexionar sobre el sentido de tu vida, si notas que vives a expensas de una pantalla, prueba a quitar las notificaciones; suprime Instagram y usa el modo avión a partir de las nueve de la noche —¡yo soy una gran fan de él!—. Te sorprenderás de la transformación en tan solo una semana. El *detox* digital comienza con un cambio en las rutinas diarias. Tres cosas sencillas, pero la renovación mental y emocional es inmensa.

Escuché hace tiempo una definición de la pantalla que me pareció muy acertada: «Es un dispensador automático de afectos». Esto me llevó a pensar en una situación que puede resultar familiar. Tu móvil en un momento dado deja de funcionar correctamente. No hay cobertura y no consigues llamar ni recibir mensajes. Apagas el dispositivo. Lo vuelves a encender y nada. Te metes en internet para verificar si es un «problema general», pero no aparece ninguna noticia al respecto. Te desesperas. Parece el fin del mundo. Piensa en la cantidad de veces que tocarías botones, que intentarías actualizar; sacarías «el informático que llevas dentro» y te preguntarías por qué hay tantas opciones de «ajustes» de tu teléfono que no entiendes, pero aun así cambias los botones, las opciones… para ver si vuelve «la normalidad».

Estar varias horas con un teléfono estropeado, en pleno siglo XXI, puede sacar la peor versión de uno mismo: rabia, nerviosismo, inquietud e incluso bloqueo mental.

Recuerdo una anécdota curiosa que me sucedió en consulta. Me encontraba en mi despacho esperando a que pasara el siguiente paciente. Cuando entró me pidió nervioso si podía llamar a su compañía de teléfono porque, según me dijo, desde hacía media hora no se enviaban los correos de forma correcta. Le dije, de manera delicada, que podía esperar a terminar la sesión, cuando probablemente el asunto se hubiera solucionado. Mi experiencia es que los aparatos electrónicos muchas veces se estropean y se arreglan solos sin explicación aparente para los neófitos en la materia. Era tal su nerviosismo que prefirió marcharse.

Días más tarde volvió a la consulta a disculparse. No entendía qué había pasado por su cabeza. Esta experiencia le ayudó a comprender que estaba más «enganchado» de lo que pensaba.

Piensa: ¿qué más puedes hacer durante unas horas sin redes, WhatsApp o internet? Te sorprenderás; quizá puedes leer, hablar con alguien cercano de tú a tú, ordenar tu despacho, tu casa, planificar alguna actividad con tu familia... o incluso dar rienda suelta a la imaginación ¡tan sana en algunos momentos!

Si en una ocasión falla alguno de tus «aparatos» y notas que pierdes la paz, pregúntate si estás enganchado y qué ganas con esa actitud y, acto seguido, averigua si eres capaz de dominar la emoción tóxica que te ha desencadenado algo tan pasajero.

La pantalla pasa a ser adictiva cuando notas que te cuesta soltar tu teléfono en lugares como el coche, la ducha, un paseo tranquilo o la playa. Cuando aguantas conectado hasta el último minuto en el avión antes de despegar o te quedas pegado al móvil incluso dentro de las sábanas. Esos instantes antes de cerrar los ojos, cuando surge en tu mente una «necesidad» de verificar, ver, descubrir o comprar algo por internet. No olvides algo muy importante: nadie, absolutamente nadie, controla internet.

Internet fue creado para ayudar a la sociedad a ser más eficiente, a recortar distancias, es decir, se creó para que estuviera al servicio del ser humano. Sin embargo, hoy el mundo digital está al servicio de los gigantes de internet. ¡Qué curioso! Muchos de los grandes programadores y empresarios tecnológicos llevan a sus hijos a escuelas sin pantalla, usan libros de papel y evitan el teléfono móvil. Esto recuerda, salvando las distancias, a los señores de la droga. ¿Cuál es la primera regla? Nunca consumir. ¡Curioso y digno de reflexión!

Reconocer una atención intoxicada de rabia

En ocasiones, internet se puede convertir en un nido de «víboras» donde todo el mundo comenta —en muchas ocasiones con pseudónimos—, hiriendo, apoyando o simplemente dando su punto de vista. Muchas veces tras esa fachada hay personas enfadadas, frustradas con la vida, que aprovechan ese anonimato para verter su rabia sobre los demás. Es el mismo caso o similar que el que sale a conducir por la ciudad con la mano en el claxon, esperando una excusa para hacerlo sonar con rabia.

EL CASO DE SERGIO

Sergio entra en el despacho y se queda observando con mucha atención cada detalle de mi mesa. Se sienta nervioso y me dice:

—Tú no me caes muy bien, necesito empezar diciéndote esto.

Un poco sorprendida ante esta primera declaración de principios, le contesto:

—¿Quién te ha obligado a venir a verme?

—Nadie; estoy confuso.

Cuando acude a consulta algún paciente que tiene cierta dificultad para expresarse suelo empezar por asuntos algo más superficiales y ligeros para ir adentrándonos de forma escalonada y delicada en el tema en cuestión, pero en este caso Sergio continúa murmurando.

—Yo siempre critico todo, desde hace año; es mi forma de expresarme.

Sigo sin entenderle. Le pido que me escriba en un papel lo que me está intentando decir y le noto aliviado. Tras unos minutos me enseña lo que ha puesto: «Me dedico a comentar en los principales portales de noticias. Uso varios pseudónimos, critico todo, me rebelo contra personas y noticias que me irritan e insulto. Genero polémica y me invento historias para hacer daño a la gente. Leí una entrevista tuya en un portal de noticias y comenté cosas negativas sobre ti».

Atónita ante la lectura, le miro a los ojos y le digo —intentando quitar hierro al asunto—:

—¿Vienes a disculparte?

Me contesta todo serio, fijando, esta vez sí, su mirada en la mía:

—Quiero saber si soy un psicópata.

Acto seguido se le empiezan a humedecer los ojos. Le cojo de las manos y le pido que me cuente su historia, que saque la rabia que lleva dentro.

—No tengas miedo, no te voy a juzgar —le aseguro.

Sergio tuvo una infancia complicada. Sus padres se llevaban mal y siempre le criticaban. Existía un ambiente tenso en casa. Su padre, muy exigente con su educación, jamás tuvo un gesto afectivo hacia él, y su madre era «una gran pasota» —como la describe—. Recuerda desde muy niño el deseo de querer pegarles, de gritar, de romper cosas..., pero todo quedaba en la intención.

En cuanto pudo comenzó a escribir; expresarse en un diario le aliviaba, pero no lo suficiente. Notaba que necesitaba «algo más». Inició así un blog donde creaba relatos llenos de insultos y barbaridades. Más tarde descubrió la posibilidad de comentar en los perfiles de las personas en internet. Muchas veces le habían bloqueado, pero abría perfiles nuevos con otros nombres y seguía insultando y generando polémica. Cuando leía algo relacionado con psicología, bienestar o felicidad, las críticas hacia el entrevistado eran más duras aún porque —él no lo sabía, pues era algo inconsciente— todo esto ahondaba más en la herida de su infancia.

Su atención estaba secuestrada; cada vez que surgían ciertos estímulos, noticias, palabras, conceptos..., una agresividad y rabia nacían dentro de él. Este fue mi caso; yo recordé entonces que tras una entrevista y durante un par de días había recibido varios *mails* muy agresivos, pero eran de tal la dureza que los había eliminado. Su autor era él, Sergio, y lo tenía ante mí. Bloqueado. Me intrigaba saber cuál había sido el proceso entre el insulto y la llamada para pedir cita.

—Te odiaba en cada comentario, pero hubo uno que me revolvió más de lo normal; esa frase volvió un día tras otro. He venido a que me expliques por qué soy así.

En mi opinión no era una frase especialmente llamativa, pero a Sergio le despertó algo muy poderoso dentro.

He intentado ayudar a Sergio. Estamos trabajando su pasado, con cuidado. Explicando, razonando, llorando, a veces incluso gritando... No está siendo fácil, pero lo que más me impacta es que busca un método para redimirse.

Desde hace unas semanas, cuando lee alguna entrevista de alguien que, de forma «automática» le genera rabia, lo primero que hace es comentar algo neutro o ligeramente positivo. Hemos tenido charlas muy interesantes sobre los «sótanos oscuros de internet», como él les llama, y siempre me dice que cuando se cure quiere ayudar a crear algún sistema en la red para filtrar toda la basura que existe.

> Nuestra atención es capaz de captar la realidad según nuestro estado de ánimo e intoxicarnos en cuestión de segundos si nuestro sistema de creencias y nuestros automatismos no están bien gestionados.

Darse cuenta de que algo negativo o enfermizo nos sucede, *el insight,* como lo tuvo Sergio, puede ser el primer paso para cambiar ese comportamiento autodestructivo. Efectivamente, todos estamos librando una o varias batallas en nuestra vida, ya que esta tiene un componente de drama, pero aprender a ver el lado bueno de las cosas es un buen método para poder gestionarla de la mejor manera posible.

¿Pero cuál fue la frase que llamó tanto la atención a Sergio? ¿Que desbloqueó su «atención intoxicada»? Decía algo así: «No hay una biografía sin heridas. Cualquier persona con la que te cruzas está en mayor o menor medida librando una batalla en algún aspecto de su existencia». Sí, le ayudó, y gracias a ella está transformando su vida en algo bueno.

Avisos para navegantes de la red

He pensado que sería útil aportar algunos avisos para navegantes de la red, tanto para padres como para educadores y, por qué no, para uno mismo.

— No tengas miedo a saber cuáles son los contenidos que ven y escuchan tus hijos. Te importa y te interesa. Síguelos en las principales redes sociales, así observarás sus gustos, a quién siguen, retuitean y comentan.
— Hasta hace unos años, las grandes (o pequeñas) dudas se consultaban a los padres, a los hermanos y a los amigos. Ahora Google tiene la respuesta para todo. Pero hay que adelantarse porque él no tiene delicadeza a la hora de filtrar las respuestas para nuestros pequeños. Antes los padres hablaban con sus hijos de alcohol, drogas o sexo. Hoy esta labor no puede ser sustituida por un buscador, ya que lo que encuentren no siempre va a ser bueno para ellos. He aquí un ejemplo.

Hace unos días un padre de familia en la consulta me comentó algo inquietante. Su hija de nueve años y su hijo de once habían estado viendo dibujos en la tableta familiar. Jugando, de forma ingenua, decidieron buscar algunas palabras en internet. Introdujeron la palabra «culo»[1]. Instantes más tarde los niños acudieron aterrados corriendo donde se encontraban sus padres. La primera hora de resultados estaba repleta de pornografía e imágenes terribles[2].

— Enseña a tus hijos el concepto de privacidad e intimidad. Hoy muchos confunden y usan estas ideas según les conviene: no te permiten como padre acceder a sus cosas, pero luego airean o difunden sus imágenes en las redes sociales (el lugar menos «íntimo» del planeta).
— El ordenador de la casa tiene que situarse en zonas comunes. Cuando los hijos están usando algún tipo de dispositivo, lo más recomendable es que se encuentren en una zona transitada de la casa.

[1] Siento el lenguaje, pero es necesario para la comprensión de la historia.
[2] Supongo que algún lector se sorprenderá ante esto, pero si lo comprueba observará su veracidad.

— Por las noches, los teléfonos se mantienen fuera de los dormitorios. Está más que demostrado que la falta de sueño en jóvenes está relacionada con el uso de la pantalla. Asimismo, la luz azul que desprenden frena la producción de melatonina, hormona necesaria para descansar correctamente. Esto, a la larga, conlleva problemas de atención, concentración, control de impulsos en los jóvenes y una mayor dispersión de la mente.

Si ese niño se acostumbra siempre al estímulo de la luz azul, tendrá problemas para lograr prestar atención en el colegio, concentrarse en la lectura o ante un profesor. ¡Hoy ni los padres, ni la naturaleza ni los profesores desprenden luz azul!

— Introduce filtros parentales. No todos funcionan igual de bien, pero ayudan y son un apoyo. Tengo un paciente cuyo padre tiene instalada una de estas aplicaciones y recibe avisos siempre que su hijo de dieciséis años intenta meterse en «ciertas páginas». Esto le ayuda a poder mantener conversaciones con él tras estos «incidentes».
— Los padres no pueden pretender que los hijos hagan cosas que ellos no hacen. Los padres son el gran modelo de los hijos, especialmente a ciertas edades. Si estos sostienen un aparato las veinticuatro horas del día en sus manos, lo lógico es que los hijos quieran emular esa acción. Busca ser buen ejemplo para ellos. Si quieres que lean, que te vean leer.
— No entres en casa nunca con el móvil en la mano o hablando por teléfono. Intenta terminar lo que tengas que hacer en el portal o en el rellano. En mi vida es de los aspectos que más impacto tiene. La sensación es que tienes las manos libres para abrazar a tus familiares si están dentro del hogar.
— Usar los dispositivos requiere enseñar a los hijos su funcionamiento. Tienen la sensación de que conocen todo lo relativo a los aspectos tecnológicos mejor que tú (en

muchos casos es así). Pero no por ello debes bajar la cabeza o tirar la toalla. Hay que explicar a los jóvenes (también en charlas formativas en el colegio) el impacto que tienen, incluso bien utilizados, en la mente, en las emociones y en las relaciones. Son un gran método para comunicarse o informarse, pero no son los únicos ni los mejores. No hay que demonizar los aparatos, ya que forman parte de nuestra vida, pero hay que educar sobre sus posibles riesgos.

— La mejor educación para el mundo *online* comienza desde el mundo *offline*. La gestión emocional, el control de impulsos, la capacidad de concentración… se aprenden desde el contacto con las personas de tú a tú y con la naturaleza. Ahí nace la creatividad, el asombro y la imaginación, tan básicas para el buen desarrollo de un niño. Resulta muy beneficioso para los pequeños invertir tiempo y tener experiencias *offline*. Viajes, excursiones, naturaleza, animales… Si a nosotros nos ven disfrutando, ellos también querrán sentir esa emoción.

— Observa si hay signos de adicción. Los padres tendemos a no querer ver los problemas en nuestros hijos. ¡Importante! No todo uso abusivo de internet se equipara a una adicción. Hablamos de dependencia cuando surgen síntomas psicológicos (ansiedad, depresión…) y los jóvenes tienden al aislamiento, al descuido del aseo y, en casos más graves, a un empeoramiento de la salud.

— ¡Pocas sensaciones son tan poderosas en esta vida como la de estar con alguien y percibir que está al cien por cien con su atención puesta en ti! Siempre me ha encantado esta descripción de otro: «Cuando estás a su lado sientes que eres la única persona en el mundo que le importa». Leí hace unos meses un estudio muy interesante sobre el efecto que genera en la mente estar acompañado de alguien que está constantemente mirando la pantalla. La sensación que recibes es la de no ser suficientemente importante.

— Y por último, y como ya te he dicho, quita las notificaciones de la pantalla; es una de mis máximas en consulta. Notarás un cambio en tu atención y calidad de vida a los pocos días. Tú eres el dueño del dispositivo, el dispositivo no es dueño de ti.

Recomendaciones por edades

¿Qué recomienda la Asociación Americana de Pediatría (AAP) al respecto?

— Hasta los dos años: evitar las pantallas[3] de todo tipo a los bebés[4].
— De los dos a los cinco años: seleccionar contenidos de calidad, apropiados para su edad; siempre acompañados por los padres y con una duración máxima de una hora al día (estas son las recomendaciones de la AAP; en mi opinión y por mi experiencia, no recomiendo más de treinta minutos al día entre semana hasta los cinco años).
— Desde los seis años: intentar que exista un equilibrio entre la pantalla y otras actividades de su edad, sobre todo las relacionadas con la interacción con amigos, naturaleza y ejercicio físico.
— Pautas comunes para todas las edades: zonas libres de pantalla. Mantener los dispositivos alejados en las comidas, antes de acostarse y en las horas de estudio.

---

[3] Con pantallas me refiero a los dispositivos que proyectan imágenes: ordenador, tabletas, teléfono, televisión o videojuegos.

[4] De forma literal —según la AAP—, «La televisión y otros medios —digitales— de entretenimiento deben ser evitados en bebés y niños menores de dos años. El cerebro del niño se desarrolla rápidamente durante estos primeros años, y los niños aprenden mejor de las interacciones con personas, no con pantallas».

El uso y contacto con la pantalla posee un impacto en el desarrollo emocional y cognitivo de los niños. Quiero citar un estudio importante sobre este tema llevado a cabo en el año 2006 por Peter Winterstein[5]. Este pediatra alemán pidió a casi dos mil niños de cinco a seis años que pintaran un dibujo: una figura humana. Los resultados se dividieron en dos grupos en función del tiempo que pasaban diariamente delante de la televisión.

Los del primer grupo eran dibujos bien detallados, expresivos y proporcionados. Se apreciaban dedos de las manos, pies, pelo y en bastantes casos orejas, y correspondían a los que dedicaban menos de una hora al día a verla.

Los dibujos del segundo grupo representaban solo dos círculos que correspondían al tronco y a la cabeza, y unos trazos que hacían de brazos y piernas. Eran los dibujos de los niños que pasaban tres horas o más delante de la televisión. Es decir, se comprobó que cuanto más tiempo estaban los niños delante de ella, más pobres y menos creativos eran sus dibujos.

¿Qué sucede? El impacto negativo del dispositivo no solo está relacionado con aquello que ven, sino con todo aquello que dejan de hacer, desde el contacto con personas, el desarrollo de un correcto apego y vínculo afectivo, el acercamiento al juego, a la naturaleza, al ejercicio... El uso del dispositivo provoca una consecuencia inmediata, ya que desconecta al niño del entorno.

Pasar mucho tiempo delante de un dispositivo está ligado a un menor desarrollo intelectual y emocional. Como todo, hay que encontrar la justa medida, pero ¡cuántas veces callamos a los pequeños encendiendo una pantalla! Es una solución barata y fácil a corto plazo, pero cara y costosa a la larga. ¿Quién no ha puesto unos dibujos a sus hijos para conseguir mientras atender otros temas sin ser molestado? La educación es una carrera de

[5] Estudio realizado por Peter Winterstein y Robert J. Jungwirth en 2006 —Prueba de carácter humano (MZT)— y publicado en la revista *Kinder-und Jugendazt* para comprender la percepción pictórica de niños en edad preescolar influenciado por el consumo de medios.

fondo y requiere tiempo, esfuerzo y, muchas veces, aplicar lo difícil y poco apetecible, sabiendo que estás ayudando a mejorar el desarrollo intelectual de tu hijo.

Recuerda que la televisión y la pantalla no son un buen estímulo para la mente de tus hijos. Es cierto que les relaja y distrae —¡a veces necesario!— pero, como norma, no es un buen método diario de evasión.

En ocasiones los padres y educadores no poseen herramientas para activar la imaginación y el juego en los niños. En estos casos suelo recomendar libros, preguntar en el colegio, introducir algún instrumento musical, comenzar un deporte e incluso comprar una mascota. Todo ello potencia el asombro y la creatividad de los niños.

El exceso de tiempo en la pantalla se asocia a multitud de efectos negativos en la salud. Me voy a ceñir a un estudio reciente, de enero del 2019, llevado a cabo por la psicóloga Sheri Madigan en *JAMA Pediatrics*. Participaron mujeres embarazadas que accedieron a informar sobre el uso de la pantalla y el desarrollo de sus futuros hijos. Siguieron a dos mil cuatrocientos cuarenta y un niños. Los resultados mostraron que cuanto mayor era el tiempo que dedicaban a la pantalla de los dos a los tres años, peor era el rendimiento entre los tres y los cinco. Se analizaron estas variables: comunicación, resolución de problemas, habilidades motoras —gruesas y finas— y habilidades sociales.

Recordemos. Los primeros años de vida son esenciales en el desarrollo emocional y cognitivo. Estos aparatos perjudican de forma directa debido no solo a aquello que ven en la pantalla, sino por todo aquello que dejan de hacer. La pantalla capta la atención del niño, aunque esté encendida a lo lejos. Pasar horas delante del dispositivo interrumpe la comunicación y correcta interacción con los padres, cuidadores, hermanos y, en definitiva, con las personas del entorno. Intercambiar afectos y experiencias con familiares es clave.

Pasar horas delante de medios digitales potencia el sedentarismo; de hecho, los pediatras están muy preocupados por el efecto tan dañino que produce en la obesidad debido a la reducción del ejercicio físico diario. Otros estudios apuntan más efectos secundarios: aumento de la violencia y agresividad, un concepto de sexualidad distorsionada, problemas en la alimentación e imagen corporal y baja autoestima.

Aprendamos a usar la pantalla de forma correcta, recuperando nuestra atención para darnos cuenta y percibir las cosas buenas de la vida.

> Haces que te pasen cosas buenas cuando conectas con la vida real, saliendo de la virtual, y recuperas tu capacidad de prestar atención.

Nunca es tarde para empezar de nuevo. El caso de Judith, la actriz porno

Conocí a Judith al terminar una conferencia sobre educación y resiliencia en un colegio. Se acercó a hablar conmigo y me dijo:

—Soy actriz, he visto a través de las redes que dabas una charla en este colegio y he venido. No quiero seguir viviendo. No puedo más, me voy a suicidar.

Me quedé helada. No sé mucho de cine, y menos internacional —tenía un ligero acento extranjero—. Le pregunté su nombre, pero en ese instante, la directora del colegio se acercó para obsequiarme con un libro editado con motivo del cincuenta aniversario de la institución. Aproveché ese momento para buscar su nombre en Google. ¡Era una actriz porno y tenía más de un millón de seguidores en las redes!

Me acerqué de nuevo y le pregunté la razón de su tristeza. Me explicó que su novio de siempre —se conocieron en la infancia— le había pedido casarse. Ella le quería, aunque con ciertas dudas —«¡No sé si estoy enamorada…, no sé si soy capaz de enamorarme!»—, pero sabía que no tenía futuro con él. Me dijo:

—Él quiere que yo deje el cine, y estoy dispuesta a hacerlo… pero, si tenemos hijos…, tú no me entiendes…, si algún día ellos buscan mi vida a través de internet… Yo no tengo futuro.

De forma delicada entramos, todavía junto al escenario de la conferencia, en el mundo de la pornografía. Yo trataba el tema con sumo cuidado para evitar herirla y ella lo percibió.

—Gracias por no juzgarme, necesito ayuda… Lo que más me preocupa es no poder borrar mi pasado, mis heridas, y volver a empezar.

La cité al día siguiente a primera hora en consulta. Pasé toda la noche dando vueltas al tema… y llamé a un conocido mío que trabaja en la Policía para preguntarle si se podía cambiar una identidad y qué requisitos eran necesarios.

A la mañana siguiente tenía la información necesaria. Su madre era extranjera y su padre español, y ella tenía doble nacionalidad. Hablamos de la posibilidad de cambiar su nombre, aunque ella ya empleaba un pseudónimo para su trabajo. Fuimos entrando de forma cautelosa en su pasado. En cómo había terminado grabando en diferentes países, rozando en algunos momentos el mundo de la prostitución de lujo y las drogas. Había muchas heridas profundas que sanar.

Ella me permitió adentrarme en su biografía. Con máximo cuidado fuimos buceando en su infancia, en el abandono de su madre, en el alcoholismo de su padre y su posterior suicidio. A la temprana edad de diez años sufrió un abuso sexual por parte de un familiar cercano… A los dieciocho, convertida en una chica guapa, atraía a los chicos. Ahí fue cuando conoció a Raúl, su novio de siempre. Ella no quería nada serio, pero él le declaró amor eterno desde el primer día y le prometió esperarla.

Al poco, le ofrecieron trabajar de modelo en otro país y ella aceptó. Necesitaba dinero… Por las noches iba de fiesta. Fue ahí donde entró en contacto con la droga y la prostitución de lujo. Pagaban muy bien. Ella dejó de sentir. Fingía. Por las noches lloraba, sin lágrimas, con un vacío interior cada vez más fuerte. Raúl, que conocía la situación, la buscaba, intentaba sacarla de aquello, pero sin éxito. Le regalaba libros, le enviaba conferencias para que ella escuchara hablar sobre la superación, el dolor y el trauma.

Tras varias semanas de terapia, ella se encontraba más tranquila. Fue realizando todos los trámites para cambiar de vida y de apariencia. No tenía una cara especialmente llamativa y con poco esfuerzo modificó su aspecto.

Meses después de conocerla vino con Raúl a consulta. Él era un chico profundamente bueno, la quería desde siempre y sabía que ella tenía un gran potencial herido por la vida que había llevado.

Hace unos meses recibí esta carta[1]:

Querida doctora:

Ya he llegado a mi nuevo país. En el fondo no es nuevo, mi madre vivió su infancia a cien kilómetros de donde nos hemos instalado. He comenzado un negocio de ropa, va despacio, pero tengo mucha ilusión. He traído mis ahorros y, si todo va bien, nos casaremos en la primavera siguiente. He recuperado las ganas de vivir, ¡gracias por la ayuda prestada! [...]

Nunca es tarde para empezar de nuevo.

PD: He enviado tu contacto a algunas compañeras de trabajo para que las puedas ayudar a ellas también. No les digas dónde estoy.

Un abrazo con cariño,
Judith

[1] Pedí permiso a Judith para escribir su historia. Los datos están modificados para evitar conocer su identidad.

Nota de la autora a la 10.ª edición

Querido lector:

La medicina, en general, y la psiquiatría, en particular, son muy vocacionales. Desde que era niña sentí el deseo de ayudar a los demás y consagrar mi vida a formarme con ese fin. El libro que tienes entre tus manos es el fruto de años de estudio, decenas de artículos leídos, cientos o quizá ya miles de pacientes tratados con cariño, mucho sentido común y una constante labor de actualización.

La buena acogida que ha tenido esta obra me alegra especialmente. Estoy convencida de que cada persona que ha tenido en sus manos este libro tenía un propósito más o menos consciente: conocerse a sí misma. Precisamente ese aforismo presidía el templo de Apolo en Delfos, epicentro de la civilización griega, una de las raíces de nuestra cultura occidental. Entendernos, comprender por qué nos pasa lo que nos pasa, es una labor titánica, pero también es el primer paso para alcanzar el equilibrio interior y reforzar las relaciones con los que nos rodean.

Desde la publicación del libro he recibido muchos mensajes de lectores contentos de haber avanzado en la difícil tarea de conocerse, lo que les ha llevado a mejorar sus vidas. Gracias a este libro y a mis lectores, **gracias a ti**, he descubierto otra forma de llevar a la práctica mi vocación de ayudar a los demás.

Espero que esta lectura, aparte de amena, te sea útil en tu vida y… **¡que te pasen cosas buenas!**

Agradecimientos

Mi primer agradecimiento es, sin lugar a dudas, para Jesús, por su apoyo incondicional e incansable. Sin él jamás habría podido escribir este libro. A Jesusín, por su alegría constante; a Enrique, por sacar mi lado resiliente en su peor momento; a Javier, por acompañarme desde la primera página hasta la última. A Antonio, por ser oxitocina pura.

A mi padre, por ser mi maestro y guía en la ciencia del alma.

A mi madre, por demostrarme que con esfuerzo y pasión todo se logra.

A Cristina, por su entrega y compañía durante toda la vida.

A Isabel, por caminar de la mano en el mundo de las emociones y en esta labor profesional apasionante de ayudar a los demás.

A los profesores y médicos que me han formado a lo largo de estos años.

A mis pacientes, verdaderos maestros, por permitirme formar parte de su vida en momentos difíciles y hacerme disfrutar con sus recuperaciones.

A Planeta y a Espasa por darme la oportunidad de volcar en un libro lo que siempre he querido comunicar.

A Fernando, por su paciencia en la corrección de los textos.

Finalmente, quiero agradecer a Almudena y a Quique, unidos por lo más Grande, por cuidarme y acompañarme todos los días.

Bibliografía

Alcaide, F. (2013), *Aprendiendo de los mejores*. Barcelona: Alienta Editorial.

Amen, D. G. (2011), *Cambia tu cerebro, cambia tu vida*. Málaga: Sirio.

American Psychiatric Association (2014), *DSM-5. Manual diagnóstico y estadístico de los trastornos mentales*. Madrid: Panamericana.

Aron, E. (2006), *El don de la sensibilidad: las personas altamente sensibles*. Barcelona: Ediciones Obelisco.

Arponen, S. (2021), *¡Es la microbiota, idiota!* Barcelona: Alienta Editorial.

Ben-Shahar, T. (2011), *La búsqueda de la felicidad. Por qué no serás feliz hasta que dejes de perseguir la perfección*. Barcelona: Alienta Editorial.

Bilbao, A. (2015), *El cerebro de los niños explicado a los padres*. Barcelona: Plataforma.

Blázquez, Luis (2018), *Enfocar la atención. El trampolín para el crecimiento personal.* Madrid: Ediciones Teconté.

Bullmore, E. (2018), *The inflamed mind.* Londres: Shortbooks.

Carnegie, D. (2013), *Cómo ganar amigos e influir sobre las personas*. Buenos Aires: Sudamericana.

Carr, N. G. (2008), «Is Google making us Stupid?». *The Atlantic,* julio-agosto.

Cymes, M. (2017), *Mima tu cerebro*. Barcelona: Planeta.

Cyrulnik, B. (2016), *Los patitos feos. La resiliencia, una infancia infeliz no determina la vida*. Barcelona: Gedisa.

DYER, W. (2014), *Tus zonas erróneas*. Barcelona: Grijalbo.

FRANKL, V. E. (2015), *El hombre en busca de sentido*. Barcelona: Herder.

GOLEMAN, D. (1996), *Emotional Intelligence: Why It Can Matter More Than IQ*. Nueva York: Bantam Books.

GONZÁLEZ-ALORDA, A. (2011), *El talking manager. Cómo dirigir personas a través de conversaciones*. Barcelona: Alienta Editorial.

L'ECUYER, C. (2013), *Educar en el asombro*. Barcelona: Plataforma.

MAM, S. (2006), *El silencio de la inocencia*. Barcelona: Destino.

PERT., C. B. (2012), *Molecules of Emotion*. Nueva York: Scribner.

PUIG, M. A. (2012), *Reinventarse*. Barcelona: Plataforma.

—, (2017), *¡Tómate un respiro! Mindfulness*. Madrid: Espasa.

ROJAS, E. (2011), *El amor, la gran oportunidad*. Madrid: Temas de hoy.

—, (2012), *Adiós, depresión*. Madrid: Temas de hoy.

—, (2012), *No te rindas*. Madrid: Temas de hoy.

—, (2020), *Todo lo que tienes que saber sobre la vida*. Madrid: Espasa.

ROTELLA, B. (2017), *Cómo piensan los campeones*. Madrid: Ediciones Tutor.

SELIGMAN, M. (2017), *Aprenda optimismo. Haga de la vida una experiencia maravillosa*. Madrid: Debolsillo.

SONNENFELD, A. (2015), *Educar para madurar*. Madrid: Klose Ediciones.

SPITZER, M. (2013), *Demencia digital*. Madrid: Ediciones B.

TOLLE, E. (2009), *Practicando el poder del ahora*. Madrid: Gaia.

WIESENTHAL, S. (1998), *Los límites del perdón*. Barcelona: Paidós Ibérica.

WINTERSTEIN, P. Y JUNGWIRTH, R. J. (2006), «Medienkonsum und Passivrauchen bei Vorschulkindern. Risikofaktoren für die kognitive Entwicklung?». *Kinder-und Jugendarzt,* vol. 37, núm. 4, págs. 205-211.

Sobre la autora

La doctora Marian Rojas Estapé es psiquiatra, licenciada en Medicina y Cirugía por la Universidad de Navarra. Trabaja en el Instituto Español de Investigaciones Psiquiátricas, en Madrid. Su labor profesional se centra principalmente en el tratamiento de personas con ansiedad, depresión, trastornos de personalidad, trastornos de conducta y en terapias familiares. Es profesora invitada de la escuela de negocios IPADE en México. Ha participado en varios proyectos de cooperación y voluntariado fuera de España.

Desde el año 2007 imparte conferencias tanto en España como en el extranjero sobre estrés y felicidad, educación, pantalla y redes sociales, así como depresión y enfermedades somáticas. En el último año comenzó un proyecto, *ilussio*, sobre emociones, motivación y felicidad en el mundo empresarial.

www.marianrojas.com

Este libro terminó de escribirse el 13 de junio de 2018,
festividad de San Antonio de Padua.